Eine

Bautechnische Studienreise

nach West- und Ostpreussen.

Bericht

über eine unter Leitung des Geheimen Ober-Bauraths, Herrn L. HAGEN
im Jahre 1883 veranstaltete Studienreise.

Herausgegeben

unter Mitwirkung einiger Reisegenossen

von

Friedrich Gerlach,

Regierungs-Bauführer.

Mit 22 autographirten Tafeln.

Springer-Verlag Berlin Heidelberg GmbH 1884

ISBN 978-3-662-32228-4   ISBN 978-3-662-33055-5 (eBook)
DOI 10.1007/978-3-662-33055-5

Vorwort.

Ermuntert durch den glücklichen Verlauf und die Erfolge früherer Studienreisen erlaubte sich eine Anzahl von Zuhörern des Geheimen Ober-Bauraths, Herrn L. Hagen, gegen Ausgang des Winter-Semesters 1882/83 an denselben die Bitte zu richten, wie in früheren Jahren, so auch dieses Mal wieder im Anschluss an seine auf der Technischen Hochschule zu Berlin gehaltenen Vorlesungen über „See- und Hafenbau" eine Studienreise veranstalten zu wollen. In der zuvorkommendsten Weise entsprach Herr Geh. Ober-Baurath Hagen unserm Wunsche, und wie im Frühjahre vorher die nordwestlichen Theile Deutschlands aufgesucht wurden, so bildete dieses Mal der Nordosten unseres Vaterlandes das Ziel unserer Fahrt.

Es war, wie aus Folgendem zu ersehen, ein ebenso reichhaltiges wie glücklich gewähltes Programm, welches derselben zu Grunde gelegt wurde, und das auch in allen seinen Punkten in schönster Weise zur Ausführung gebracht werden konnte, weil einerseits Se. Excellenz der Herr Minister der öffentlichen Arbeiten uns die Benutzung der fiscalischen Dampfer gütigst gestattete und weil wir andrerseits auch bei sämmtlichen Herren, in deren Ressorts sich unsere Reise bewegte, überaus freundliche Aufnahme und sympathische Förderung erfuhren.

Es betheiligten sich an der Studienfahrt die Regierungs-Bauführer Berns, Frost, Funk, Gerlach, Henze, Jankowski, Krause, Taut und Unger, sowie die Candidaten der Baukunst Leschinsky und Mellin.

Die folgende Abhandlung hat nun zunächst den Zweck, alles Gesehene und Erlebte, chronologisch geordnet, in der Erinnerung der Reisegenossen zu fixiren und hierdurch für sie den Werth der gemachten technischen Beobachtungen zu erhöhen. Um aber auch andern, welche für eine Studienreise ein ähnliches Programm zu Grunde legen möchten, ein kleines „Vade-mecum" in die Hand zu geben, sowie um solche, denen es versagt ist, eine derartige

Fahrt zu unternehmen, an den Früchten unserer Reisestudien theilnehmen
zu lassen, haben wir uns erlaubt, den vorliegenden Bericht, der ursprünglich
nur für den engern Kreis der Reisetheilnehmer bestimmt war und den wir
daher mit gütiger Nachsicht aufzunehmen bitten, durch den Druck zu ver-
öffentlichen. Es soll damit einer vielfach aus Collegenkreisen an uns ge-
richteten diesbezüglichen Bitte entsprochen werden.

Bei der Zusammenstellung dieses Berichtes galt es als Princip, solche
Gegenstände, welche noch nicht publicirt sind, ausführlicher zu besprechen
und durch Skizzen zu erläutern, dagegen Bauwerke etc., über welche bereits
ausgiebige Literatur vorhanden ist, kürzer zu behandeln. Eine Ausnahme
hiervon wurde nur dort gemacht, wo entweder die Quellen sehr versteckt
und zerstreut liegen, oder wo im Interesse einer leichtern Orientirung eine
zusammenhängende, auf genetischen und historischen Grundlagen beruhende
Darstellung angemessen zu sein schien. Für diejenigen, welche noch tiefer
in die Materie des Besprochenen einzudringen wünschen, wurden überall die
nöthigen Literatur-Angaben gemacht.

Schliesslich sei allen Herren, welche die Zwecke unserer Studienreise
so bereitwillig, sei es durch freundliche Führung und Belehrung, sei es
durch Ueberlassung von Material für dieses Werkchen gefördert haben,
namentlich aber dem Herrn Geheimrath Hagen, welcher in so liebenswürdiger
Weise das ganze Arrangement und die mühevolle Leitung der interessanten
Fahrt auf sich genommen hatte, auch an dieser Stelle der herzlichste Dank
ausgesprochen!

Berlin, im September 1884.

Fr. G.

INHALT.

ERSTER TAG.

Reise von Berlin nach Danzig.

„Der Mai ist gekommen, die Bäume schlagen aus,
„Da bleibe, wer Lust hat, mit Sorgen zu Haus!"

Am Morgen des 10. Mai 1883 kamen die Theilnehmer der projectirten Studienreise auf dem Stadtbahnhof Friedrichstrasse in Berlin zusammen, um unter der Aegide des Herrn Geh. Ober-Baurath L. Hagen ihre Fahrt nach West- und Ostpreussen anzutreten. Vom schönsten Frühlingswetter begünstigt, fuhren wir mit dem um 8 Uhr 50 Minuten von dort abgehenden Tages-Courierzuge ab. Bald lag die Grossstadt mit ihrem unruhigen Treiben und Lärmen hinter uns, und das Gefühl, auf einige Zeit ihren beengenden Fesseln entronnen zu sein, fand bald in der behaglichsten Reisestimmung seinen Ausdruck. Freudig schweifte der Blick nach rechts und links über die im ersten Frühlingsgrün prangende Landschaft der sandigen Mark, und zwanglos konnten wir, da wir uns in einem separirten Doppel-Coupé befanden, also ganz „unter uns" waren, allen interessanteren Objecten während der Fahrt unsere Aufmerksamkeit widmen.

Gleich an der ersten Haltestelle Werbig, wo die Bahn Frankfurt-Angermünde mittelst Ueberführung über die Königliche Ostbahn hinweggeht, hatten wir Gelegenheit, uns vom Zuge aus die Anlage einer sogenannten Thurmstation anzusehen. Einen ähnlichen, jedoch bedeutend grössern Etagen-Bahnhof sahen wir kurz nachher in Cüstrin-Vorstadt, nachdem der Zug die Festungswerke Cüstrins passirt und die Oder sowie die hier einmündende regulirte Warthe überschritten hatte. Die Ostbahn kreuzt hierselbst (S.O. in 5,35 m Höhe über Terrain) die Breslau-Freiburg-Schweidnitzer Bahn unter einem Winkel von 45^0. Das grosse, beiden Bahnlinien gemeinsame Stationsgebäude liegt in dem stumpfen Winkel und ist in geschmackvollem Ziegel-Rohbau mit reicher Terracotten-Ornamentirung ausgeführt. Im Erdgeschoss befinden sich im Anschluss an ein geräumiges, in der Mitte liegendes Vestibül die Räume für Gepäck- und Billetausgabe, ausserdem die Wartesäle und Bureaus der Breslau-Freiburg-Schweidnitzer Bahn, während das obere Geschoss die Warteräume und Bureaus der Ostbahn enthält. Die im Erdgeschoss nach dem Ostbahn-Perron zu gelegenen Räume werden durch Lichtschächte erhellt. Die Station ist eine der neuesten und principiell am besten ausgebildeten Anlagen dieser Art in Deutschland und wird daher durch beiliegende Skizzen noch näher erläutert. (Fig. 1 bis 5.)

Herr Baurath Orban, der uns in Cüstrin erwartete und bis zum Bahnhof Vorstadt begleitete, gab uns einige Erklärungen hierüber und machte uns dann namentlich auf die vielen grössern Brücken bei Cüstrin aufmerksam. Neben den älteren im Zuge der Ostbahn liegenden Eisenbahnbrücken über die Oder (Halbparabelträger von 24,5 m grösster Spannweite, cfr. Fig. 6) und die Warthe (Parallelträger von 24,5 m grösster Spannweite) sowie die Warthebrücke im Zuge der Breslau-Freiburg-Schweidnitzer Bahn (Schwedlerträger von je rot. 37,0 m Spannweite, cfr. Fig. 7) sind in neuester Zeit noch 2 interessante eiserne Strassenbrücken ausgeführt worden, und zwar eine schmiedeeiserne Bogenbrücke über die Warthe und eine Halbparabel-Brücke über die Oder.

Die erstere hat eine Breite von 11 m und besteht aus einer Fluthbrücke mit 3 Oeffnungen von je 20 m Lichtweite und einer Strombrücke mit einer Hauptöffnung von 38 m, 2 Oeffnungen von je 34 m und 2 Oeffnungen von 30,5 m Lichtweite. Die Pfeiler sind massiv, der Oberbau besteht aus 8 Bogenträgern, welche im Abstande von 1,5 m von einander liegen. Die Pfeilhöhe der Bögen von der Strombrücke ist $^1/_{13}$ der Spannweite und die Höhe der Construction im Scheitel 0,48 m, wovon 0,20 m auf die Fahrbahn, 0,28 m auf die eisernen Bögen entfällt. Als Scheitelverbindung wurde keine Charnier-Construction gewählt, weil nach den bisherigen Erfahrungen hierdurch eine nachtheilige Beweglichkeit des Scheitels bedingt wird, sondern eine starke Stahllaschen-Verbindung, welche geeignet ist, sowohl die zur Vermeidung unberechenbarer Spannungen immerhin erforderliche Beweglichkeit zu gestatten, als auch zu grosse Schwankungen der Construction zu verhindern. Die Fahrbahn besteht aus den die Bettung tragenden 6 mm starken Buckelplatten, welche einerseits direct auf den 1,5 m von einander entfernten Hauptträgern, andrerseits auf zwischengelegten Querträgern vernietet wurden. Die Buckelplatten (mit 7,5 cm Pfeil) wurden mit der convexen Seite nach unten gelegt, damit, abgesehen von anderen Gründen, die Bettung in der Mitte höher liege und somit eine bessere Vertheilung der in ihrer Oberfläche wirkenden Einzeldrücke erzielt würde. Behufs Abführung der von oben durchdringenden Niederschlagsfeuchtigkeit erhielt jede Buckelplatte eine mit einer porösen Thonkapsel überdeckte runde Oeffnung (von 2 cm Durchmesser). Wegen der geringen disponiblen Höhe von 0,20 m für die Fahrbahn wurde statt der sonst üblichen Sand- oder Kiesschüttung, ähnlich wie bei der Königin Augusta-Brücke in Berlin (cfr. Zeitschrift für Bauwesen 1870 p. 305) eine Betonbettung (1 Thl. Cement und 6 Thle. Kies) angeordnet, auf welcher alsdann das 15 cm starke mit Cementmörtel und Asphalt vergossene Pflaster hergestellt wurde. Die Warthebrücke ist im Herbst 1879 dem Verkehr übergeben worden; das Project rührt her vom Wasserbauinspector Keller und Regierungs-Baumeister Roeder.

Die andere Strassenbrücke bei Cüstrin, welche ebenfalls Erwähnung verdient, ist die elegante neue Oderbrücke. Dieselbe hat Oeffnungen von je 40,0 m Weite. Die Hauptträger liegen 9,15 m von einander und haben die Form einer Halbparabel mit einer Endverticalen von 1,8 m Höhe und einer parabolisch gekrümmten Druckgurtung von 3,6 m Pfeil, so dass also die mittlere Höhe $1,8 + 3,6 = 5,4$ m beträgt. Hervorzuheben ist, dass abweichend von andern

ähnlichen Constructionen (z. B. der Thorner Weichselbrücke und der Tilsiter
Memelbrücke) die Unterkanten der untern Hauptträger-Gurtung und des
Querträgers in gleicher Höhe liegen, dass also die Constructionshöhe auf
ein Minimum reducirt ist. Die gedrückte Gurtung des Hauptträgers hat
die ⊐⊏-Form erhalten, da sie sowohl die nöthige Steifigkeit gegen Zer-
knicken, als auch bequeme Anschlüsse der Wandglieder gewährt. Die
gezogene Gurtung ist dagegen aus Rücksicht auf den Anschluss der Querträger, sowie um Wassersäcke zu vermeiden, durch Verschieben der
Winkeleisen in verticaler Richtung unsymmetrisch gestaltet (siehe Figur 10).
Die Zwischen-Construction zur Unterstützung der Fahrbahn ist wie bei der
Tegetthof- und Franz-Josef-Brücke in Wien, sowie bei manchen anderen
neueren Bauwerken, mittelst 6 mm starker Tonnenbleche von $^1/_{10}$ Pfeil,
welche auf 6 secundären Längsträgern ruhen, hergestellt. Die Tonnenbleche
wurden zunächst mit einer parallel zur Pflaster-Oberfläche abgeglichenen
Betonmasse gefüllt und darüber eine überall gleichmässig starke Sandschicht
von 10 cm aufgebracht, in welche alsdann das eigentliche Pflaster gebettet
wurde. Es wird auf diese Weise das Reissen des Pflasters gehindert, da
dasselbe von den Bewegungen der Eisen-Construction unabhängig gemacht wird.

Projectirt wurde diese Brücke vom Königl. Baurath Treuhaupt und
vom Regierungs-Baumeister Claussen und in den Jahren 1879—1881 ausgeführt. Die Gesammtkosten betrugen incl. aller Nebenanlagen rot.
780 000 Mk. oder pro laufendes Meter rot. 3000 Mk.

Von Cüstrin folgt die Bahn dem nördlichen Rande des Warthe-Bruches,
tritt hinter Landsberg bei Zantoch in das Netze-Bruch ein und überschreitet
bei Kreuz das Drage-Thal. Die Station Kreuz liegt in der Kreuzung der   Station Kreuz.
Ostbahn mit der Posen-Stettiner Bahn und ist als Inselbahnhof mit „Keil-
betrieb" nach dem in der Zeitschrift für Bauwesen 1862 p. 370 angegebenen
Schema ausgebildet.

Auch die nun folgende grössere Station Schneidemühl an der Küddow   Station Schneide-
ist als Durchgangs-Bahnhof mit Inselperron ausgebildet und wird durch ein   mühl.
neues zweckmässig eingerichtetes und mit schönen geräumigen Wartesälen
versehenes Empfangsgebäude geziert, dessen Grundriss aus Bauhandbuch
Bd. III p. 458 zu ersehen ist.

Während nun die alte Strecke der Ostbahn, das Netze-Thal weiter
verfolgend, über Bromberg führt und sich in Thorn nach Insterburg einerseits und Warschau andrerseits verzweigt, schlägt die neue Hauptstrecke
der Ostbahn eine nordöstliche Richtung ein und führt über Konitz durch
die sterile, einförmige Tucheler Haide nach Ueberschreitung der Brahe, der
Schwarzwasser und der Ferse nach Dirschau. Hier stiegen wir aus, um in   Dirschau.
einem bereitstehenden Zuge durch den überaus fruchtbaren Danziger Werder
über die Stationen Hohenstein und Praust nach der alten Handelsstadt
Danzig abzufahren, woselbst wir dann auch gegen 7 Uhr Abends wohl-   Danzig.
behalten anlangten. Die Collegenschaft aus Danzig und Neufahrwasser war
in grosser Anzahl am Bahnhofe erschienen, um uns einen Willkommens-
gruss entgegenzubringen. Wir benutzten noch den Rest des Tages, um uns

flüchtig in **Danzig** zu orientiren, einige Bauwerke neueren Datums, z. B. das stattliche Gebäude der Ober - Post - Direction am Winterplatz, das städtische Gymnasium (beide im gothischen Stil aufgeführt) etc. anzusehen und sodann mit den Herren, die uns so freundlich am Bahnhofe empfangen hatten, einige gesellige Stunden zu verleben.

ZWEITER TAG.

DANZIG (Architektonische Sehenswürdigkeiten, Wasserleitungs- und Kanalisationsanlagen, Marine-Werft).

„Du köstliches Geschmeide
„Vom tapfern Preussenland,
„O Stadt, im Glück und Leide
„Gleich fromm und treu erkannt.“
M. v. Schenkendorf.

Danzig's Architektur.   Am andern Morgen begann für uns ein umfangreiches Tagewerk, welches mit der Besichtigung der interessantesten Hochbauten Danzigs seinen Anfang nahm. Wie es kaum eine andere Stadt Norddeutschlands giebt, die in gleichem Maasse durch ihre vielen historischen Reminiscenzen, durch ihre malerische Erscheinung, durch ihren lebhaften Handel und Wandel den Sinn des Besuchers gefangen nimmt, so heimelt es namentlich den Architekten an, wenn er zum ersten Male die Strassen dieses „nordischen Nürnbergs“ durchwandelt und bald die alterthümlichen „Beischläge“ mit ihren Stein-Balustraden anschaut, bald zu den mächtigen Stadtthoren und zu den hochragenden Thürmen seiner Kirchen emporblickt — bald die malerische Pracht seiner reich ornamentirten Wohnhäuser betrachtet, wo sich traulich Giebel an Giebel reiht und wo sich in der ganzen Architektur der Geist eines wohlhabenden, selbstbewussten Bürgerthums ausspricht. Fasst man die architektonische Physiognomie Danzigs etwas näher ins Auge, so lassen sich leicht zwei verschiedene Zeitalter unterscheiden: das gothische, dem verschiedene Kirchen, zum Theil das Rathhaus, das Franziskaner-Kloster, der Artushof und einige andere monumentale Gebäude ihr Entstehen verdanken, dann die Zeit der Spät-Renaissance und des Barockstils am Ende des 16. und im Laufe des 17. Jahrhunderts. In die letztere Periode fällt die Blüthe Danzigs und da entstanden auch die meisten Privatgebäude von Bedeutung, die interessantesten Thore und ein Theil des Rathhauses.

Unter der Führung des Herrn Stadtbaumeister Otto wurde nach Besichtigung des Langenmarktes mit seinen schönen Giebelhäusern dem prächtigen Junker- oder Artushof der erste Besuch gewidmet. Das Gebäude besteht aus einem einzigen 30 m langen, 50 m breiten und 15 m hohen Raum, der von 9 schmucken, sich auf 4 schlanken Granitsäulen stützenden Fächergewölben überdeckt wird, und diente früher als Bankettsaal für die Feste der Patrizier-Brüderschaften, während es augenblicklich als Börsenhalle zu mehr prosaischen Zwecken benutzt wird. Im Sinne der Tafelrunde des sagenhaften englischen Königs Artus tagten hier einst 6, nach Vermögen, Stand und Nationalität geschiedene Corporationen (sogenannte „Bänke“), deren jede ihren besonderen Vorsitzenden und eigene Statuten hatte. Der jetzige Bau wurde in den Jahren 1477—81 an Stelle des älteren 1370 verbrannten Artushofes errichtet und wurde erst 1552 mit Herstellung der jetzigen Façade (unten Spitzbogenfenster, darüber Renaissance-Formen) vollendet. Im Innern befinden sich reiche Decorationen, theils bemalte Holz-Sculpturen und kunstvolle Schnitzereien, theils Wandgemälde, welche grösstentheils in Beziehung zu den erwähnten „Bänken“ stehen. Interessant sind namentlich das „jüngste Gericht“, ein Gemälde von Möller, welches in den Reihen der Auserwählten sowohl, wie in denjenigen der Verdammten porträtähnliche Figuren von bekannten Danziger Bürgern zeigt, ferner ein 11,6 m hoher pyramidaler Kachelofen mit bunt ornamentirten Kacheln, auf dessen Postament sich — ein früheres Wahrzeichen für wandernde Handwerksburschen — Till Eulenspiegel mit derben Gebärden breit macht, schliesslich die vielen an den Gewölben hängenden Schiffsmodelle, welche von der kriegerischen Seemachtstellung Danzigs erzählen, als das Bürgerthum für Gustav Wasa seine Waffen erhob. Unter dem Artushofe liegt der renommirte Rathskeller, während vor demselben der trefflich gearbeitete Neptuns-Brunnen, ein Augsburger Erzguss von Adrian de Vries (1633) sich erhebt.

Gleich nebenan liegt das Rathhaus, dessen Façade mit hohen Spitzbogenblenden versehen und mit schlanken Erkerthürmchen eingefasst ist. Kühn und graziös ragt der in malerisch-barocken Formen (1561) aufgebaute Thurm mit seiner vergoldeten Spitze in die Lüfte empor — anmuthig und zierlich, wie Danziger Marzipan-Naschwerk. Und im Innern des Rathhauses — welche Fülle prachtvoller Schnitzereien an den Wänden und Decken, an den Treppen und Thüren! Während die Grundformen desselben um 1350 durch einen gewissen Henricus im gothischen Stile angelegt sind, stammt das Innere aus der Renaissance-Zeit und wurde unter Leitung des Stadtbauraths Licht vorzüglich renovirt. Der Sitzungssaal des Magistrats, die sogenannte Sommer-Rathsstube ist mit Werken der Holzschnitzkunst, mit scherzhaften Darstellungen und launigen Sprüchen fast überfüllt. Während die Thürinschrift „Militemus!“ auf den ernsten Zweck des Raumes hindeutet, werden die Stadtväter durch viele Sprüche an dem alterthümlichen Marmor-Kamine wie z. B. „Ad rem, ut ad ignem!“ an ihre Aufgabe gemahnt. Eine vom Maler perspectivisch dargestellte halbgeöffnete Thür hat wohl manchen „homo novus“ in diesem prunkvollen Sitzungssaale irregeleitet, und der humorvolle Maler der Wand- und Deckengemälde, angeblich Hans de Vries, hat sich selbst dadurch verewigt, dass er sein

Conterfei schalkhaft aus einem gemalten Fenster in den Saal hinab blicken lässt. Daneben liegt die oblonge kleinere „Winter-Rathsstube", welche ebenfalls allerlei bildliche Darstellungen und bunte Wappen enthält.

Eine kunstvolle Wendeltreppe mit interessanter schmiedeeiserner Thür führte uns nach dem 1. Stock hinauf in die stilvoll renovirten Räume des Ober-Bürgermeisters. Ueber dem wundervoll geschnitzten Eingang, Adam und Eva im Paradiese darstellend, prangt der schöne Spruch: „Pax cum iustitia fora, templa et rura coronat." Das eine grössere Zimmer mit vorzüglicher Wandtäfelung dient als Empfangssaal des Oberbürgermeisters, während der einige ·Stufen höher kapellenartig angelegte gewölbte Raum von demselben als Arbeitszimmer benutzt wird.

Schliesslich nahmen wir noch den im Erdgeschoss liegenden Stadtverordnetensaal, welcher von einem eleganten Fächergewölbe überspannt wird, in Augenschein und eilten sodann zu dem bedeutendsten kirchlichen Marienkirche. Bauwerke Danzigs, der in der Nähe liegenden Marienkirche, an der sich der Typus der „baltischen Gothik" zu grossartigster Wirkung entfaltet. 1343 gegründet, wurde sie von 1400 bis 1502 umgebaut und bis auf den 76 m hohen colossalen, leider unvollständig gebliebenen Thurm vollendet. Sie ist eine dreischiffige Hallenkirche von riesigen Dimensionen. Das Mittelschiff hat eine Länge von 87,5 m, eine Breite von 41,5 m und eine Höhe von 27,3 m. Die Strebepfeiler sind zu beiden Seiten nach innen eingezogen und bilden auf diese Weise Nischen für die Kapellen-Anlagen. So einfach und schmucklos die Pfeiler gehalten sind, so reich ist die Deckenbildung; denn die buntesten Gewölbemuster spannen sich in mannichfaltigen Stern- und Netzformen über den grossen Raum hin. Wie wenige andere Kirchen besitzt die Marien-Kirche auch einen grossen Reichthum an Epitaphien, kostbaren Paramenten, Kirchengeräthen, werthvollen Manuscripten etc. Eine besondere Berühmtheit hat das mit 2 Flügeln versehene Altarblatt in der Dorotheen-Kapelle von Hans Memling „Das jüngste Gericht" erlangt theils wegen der eigenthümlichen Auffassung, die sich in der Darstellung der vom Tode auferstehenden guten und bösen Menschen, sowie der sich in drastischer Weise um ihre Beute zankenden Teufel ausspricht, theils wegen der ausserordentlich feinen und saubern Detaillirung der einzelnen Figuren, theils aber auch wegen der wunderbaren Schicksale, welche das Bild durchzumachen hatte. Ein Danziger Kaperschiff nämlich jagte im Kriege mit Holland einem unter burgundischer Flagge segelnden feindlichen Fahrzeuge ausser anderen Schätzen auch jenes Kunstwerk ab. Kaiser Rudolf II. und Peter der Grosse boten der Stadt enorme Summen, um das Bild zu erwerben, jedoch vergeblich. Napoleon I. wusste sich nach der Eroberung Danzigs 1807 in dessen Besitz zu setzen und schickte es nach Paris, von wo es jedoch durch Hilfe Friedrich Wilhelm's III. 1816 wieder an die Stadt Danzig zurückgelangte. Hierauf bezieht sich auch die Inschrift:

> „Als das ew'ge Gericht des Kleinods Räuber ergriffen,
> Gab der gerechte Monarch uns das Erkämpfte zurück."

Ausserdem sind zu erwähnen ein thurmartiges gothisches Sakramentshäuschen von 1482; ferner eine in Antwerpen ganz aus Messing gegossene und von einem schönen schmiedeeisernen Gitter umschlossene Taufkapelle;

sodann der Hochaltar, welcher ursprünglich mit Schnitzereien nach Dürer'schen Zeichnungen hergestellt, später durch stilwidrige Restaurationen verpfuscht, neuerdings aber mit modernen, sich dem gothischen Aufbau des Ganzen dekorativ anschmiegenden Schnitzwerk umgeben wurde; schliesslich ein in Holz geschnitzter, durch seine ausserordentliche Naturtreue in der Musculatur ausgezeichneter „Christus crucifixus", von dem die Sage geht, dass der Künstler, um die Convulsionen des sterbenden Körpers möglichst naturwahr in seinem Werke zum Ausdruck zu bringen, seinen eigenen Sohn (nach anderer Version seinen Freund) gekreuzigt habe.

Mit grosser Befriedigung verliessen wir das imposante Bauwerk, um nunmehr unsere Schritte nach dem in architektonischer Hinsicht ebenfalls sehr bemerkenswerthen **Franziskaner-Kloster** zu lenken. Dasselbe wurde gleichzeitig mit der anstossenden **Trinitatis-Kirche** 1431 bis 83 erbaut, gerieth später in Zerfall, wurde 1867—72 durch den Stadtbaurath **Licht** in stilvoller Weise restaurirt und dient jetzt nach ausdrücklicher Bestimmung Friedrich Wilhelm's IV. lediglich Kunstzwecken. Im Erdgeschoss, dessen Räume sich durch zierliche Sterngewölbe auszeichnen, befindet sich eine Sammlung von Danziger Alterthümern, sowie von Gypsabgüssen nach der Antike. Im oberen Geschosse ist ausser einer grossen Anzahl von Holzschnitten und Kupferstichen die städtische Gemälde-Gallerie untergebracht, welche viele gute, meistens moderne Bilder, u. a. Originale von E. Hildebrandt (einem geborenen Danziger), Calame, Achenbach, Meyerheim, sowie viele Niederländer aufweist.

Das grösste Interesse nahmen jedoch in Anspruch die hier ausgestellten Pläne der Danziger **Wasserleitungs- und Entwässerungs-Anlagen**, die der Director der städtischen Gas- und Wasserwerke, Herr **Kunath**, die Liebenswürdigkeit hatte, uns in überaus klarer und ausführlicher Weise zu erläutern. Danzigs Wasserversorgung erfolgt durch eine **Quellwasserleitung**. Das Quellengebiet liegt, wie aus beiliegender Situations-Skizze zu ersehen ist, südwestlich von Danzig ca. 22 km entfernt beim Dorfe Prangenau in den Ostroschker und Popowker Thaleinschnitten, und zwar in einer Höhe von ca. 110 m über dem mittleren Wasserstande der Ostsee. Die Quellensammel-Anlage umfasst ca. 2700 m gemauerte Kanäle mit offener Sohle (die Weite beträgt 0,314 resp. 0,470 m, die Höhe = 0,628 m), ferner 3000 m Thonsaugeröhren von 158 und 235 mm lichter Weite, 2000 m Eisenröhren von 78 bis 360 mm lichter Weite. Das hier aufgeschlossene Wasser vereinigt sich in einer **Sammelstube** und wird von hier unter natürlichem Druck in einem ca. 15 km langen 418 mm weiten Rohr nach dem 3 km von der Stadt entfernten **Hochreservoir** bei Ohra geleitet. Der Anfang der Aufschlusskanäle liegt 75 m, der Sammelbrunnen 47 m über der Sohle dieses Reservoirs. Dasselbe liegt im Terrain versenkt, ist aus Ziegeln hergestellt und zugewölbt, hat 39,2 m im Quadrat Grundfläche und fasst bei einer Wassertiefe von 3,14 m 4670 cbm, was ungefähr dem halben Tagesbedarf entspricht. Die Leitung des Wassers vom Hochbassin zur Stadt erfolgt durch ein ca. 3 km langes Rohr von 525 mm Weite, die Vertheilung des Wassers wird durch **Circulationssystem** bewirkt; das ursprüngliche Verästelungssystem wurde später durch Einschaltung von Verbindungsrohren zum Circulationssystem

---

*) **Anm.**: Wasserleitung, Kanalisation und Rieselfelder von Danzig — Mittheilungen des Herrn Reg.-Bauf. W. Funk.

übergeführt. Die Länge des Röhrennetzes incl. der Hausanschlüsse beträgt 70 000 m, die Röhrenweite verringert sich von 525 bis auf 40 mm. Innerhalb der Stadt befinden sich 500 Hydranten und 32 öffentliche Wasserständer. Der mittlere Wasserdruck über dem Pflaster der Stadt ist $= 40$ m, doch geht der Druck an den äusseren Festungswerken fast bis auf 0 herunter. Die durchschnittlich täglich von den Quellen gelieferte Wassermenge beträgt rot. 10000 cbm, das Tagesminimum der letzten Jahre betrug rot. 9000 cbm, das Maximum dagegen 13 000 cbm. An die Wasserleitung angeschlossen sind 4000 Grundstücke mit ca. 90000 Bewohnern, woraus sich ein täglicher Consum pro Kopf von 110 l ergiebt.

Die Qualität des Wassers ist stets eine vorzügliche; die Temperatur wird in den Quellen täglich, in der Stadt wöchentlich einmal bestimmt. Dieselbe schwankt an den Quellen zwischen 5 und 7 ⁰ Cels., im Hochreservoir zwischen 5 und 9 ⁰, im Rohrnetz der Stadt zwischen 6 und 10 ⁰ Celsius.

Die Anlagekosten betrugen 1 700 000 M., das macht pro Kopf der Bevölkerung rot. 19,0 M. Das Wasser, welches an Private abgegeben wird, controlirt man nicht durch Wassermesser; es werden vielmehr für jeden Raum von 10 qm Grundfläche und darüber 2 M. in Rechnung gebracht. Gewerbetreibende müssen indess pro cbm 10 Pf. zahlen und die Controle erfolgt dann durch Wassermesser. Noch vor 15 Jahren sah es mit den Trinkwasser-Zuständen in Danzig sehr traurig aus, und es ist das Verdienst des Geh.-Ober-Bauraths Wiebe und des Oberbürgermeisters Winter, auf eine rationelle Wasserversorgung hingewirkt zu haben. Die Ausführung der neuen Anlage geschah in den Jahren 1868 und 1869 durch die Firma Aird & Mark in Berlin, während das Project vom Baurath Henoch in Altenburg aufgestellt wurde.

Ausser dieser Hauptwasserleitung besteht seit 1878 noch eine besondere Leitung für die 3 Danziger Vorstädte: Langfuhr, Neuschottland und Neufahrwasser. Das Quellengebiet derselben liegt 8 km nordwestlich von Danzig und führt den Bewohnern täglich 1000 cbm zu (pro Kopf 100 l). Die Anlagekosten betrugen 199 233 M.

Kanalisations-Anlagen.
(Fig. 17.)

Was nun ferner die Danziger Kanalisations-Anlagen betrifft, so sind dieselben schon deshalb besonders interessant, weil Danzig die erste Stadt des Continents war, welche die Beseitigung des Abwassers durch Berieselung einführte. Die Entwässerung der Stadt erfolgt nämlich durch das sogen. „Schwemmsystem", und zwar das englische System, indem durch die Kanäle ausser dem Regen- und Hauswasser zugleich auch die Fäcalstoffe abgeführt werden. Ganz davon abgesehen, dass für die Kanäle das erforderliche Gefälle nicht zu erzielen gewesen wäre, liess der zuletzt genannte Umstand: die Abführung der Fäcalstoffe durch die Kanäle, die Einführung des Kanalwassers in die Mottlau resp. Weichsel von vornherein als unzulässig erscheinen. Um den Kanälen das nöthige Gefälle geben zu können, war deshalb eine Hebung des Kanalwassers durch Maschinenkraft erforderlich. Zu dem Ende wurden sämmtliche Kanäle nach der sogen. „Kämpe", einer kleinen von der Mottlau umflossenen Insel, zusammengeführt, wo das gesammte Abwasser durch Dampfkraft (2 Wulff'sche Dampfmaschinen von je 60 Pferdekraft, von denen für gewöhnlich nur eine im Betriebe zu sein braucht) gehoben und mittelst eines 3000 m langen und 575 mm weiten Druckrohres nach den Rieselfeldern geleitet wird. Die Höhendifferenz zwischen dem Ende dieses eisernen Rohres und dem Sumpf an der Pumpstation beträgt ca. 6,0 m.

Jeder der 3 Stadttheile: die Altstadt im Norden, die Rechtstadt im Süden und die Niederstadt im Osten bildet für sich ein Sammelgebiet mit einem eiförmigen, in Cement-Ziegelmauerwerk hergestellten Hauptsammelkanal, dessen Querschnittsweiten $\frac{0,94}{1,41}$ m, $\frac{0,73}{1,25}$ m resp. $\frac{0,63}{0,94}$ m betragen. Die Niederstadt liegt wegen ihrer flachen, tiefen Lage für die Entwässerung sehr ungünstig. Um hier die Länge der Zweigkanäle und somit das bis zur Einführung in den Hauptkanal erforderliche Gefälle möglichst gering zu erhalten, wurde der letztere, abweichend von der Lage in den beiden anderen Stadttheilen, in die Mitte des Entwässerungsgebietes gelegt. Sein Gefälle beträgt 1:2400, während die Hauptkanäle in der Alt- und Rechtstadt ein Gefälle von 1:1500 haben. Die Tiefenlage unter Terrain beträgt 2,8 bis 6,3 m.

Wiewohl diese 3 grossen Systeme selbstständig functioniren, so sind sie doch soweit verbunden, dass bei der Ueberfüllung eines Systems eine Entlastung durch eins der andern eintreten kann. Um bei ganz aussergewöhnlichen Regenfällen die Kanalisationsanlagen zu entlasten, sind besondere Nothauslässe nach den Flussläufen hin eingerichtet.

Die eben erwähnten 3 Hauptkanäle nehmen die sielförmigen Steingutröhren der einzelnen Strassen auf und führen, wie schon gesagt, das Abwasser nach der auf der „Kämpe" befindlichen Pumpstation. Die Verbindung der letzteren mit den durch die Mottlau getrennten Sammelkanälen ist durch 2 schmiedeeiserne Düker (von 470 resp. 710 mm Weite) hergestellt, die mit Rücksicht auf die Schifffahrt 4,70 m unter das M. W. der Mottlau versenkt worden sind. Zum Schutz der Düker gegen Versandung sind oberhalb derselben 2 doppelte Sandfänge in die Kanäle eingeschaltet.

Die Länge der gemauerten Hauptkanäle beträgt rot. 4000 m, die der Thonrohrleitungen rot. 40000 m. Die Strassen-Sielrohre liegen ca. 3,0 m unter Terrain, das Gefälle beträgt 1:100 bis 1:600; an jeder Strassenkreuzung vereinigen sie sich in einem Einsteigeschachte, von wo die Spülung derselben durch Aufstau des Sielwassers nach jeder Richtung hin vorgenommen werden kann. Ausserdem ist noch eine besondere Spülleitung angelegt, um bei Mangel an Sielwasser den Kanälen das zur Spülung erforderliche Wasser aus der Radaune und Mottlau zuführen zu können. In der Rechtstadt dient der äussere Thonrohrstrang zugleich als Spülrohr; die Spülung des westlichen Theiles der Niederstadt wird durch die Mottlau, die des östlichen Theiles durch ein besonders aus dem Oberwasser der angestauten Radaune abgeleitetes Spülrohr bewirkt.

Die Abführung des Strassen- und Dachwassers in die Strassensielrohre erfolgt durch Rinnsteinabzüge aus Cementguss, die des Closet- und Hauswassers durch besondere Hausleitungen; von jedem Geruchverschluss der letzteren ist ein Luftrohr bis über das Dach geführt.

Der Anschluss der Häuser an das Canalisations-System sowie die Einrichtung von Wasser-Closets ist obligatorisch; die Zahl der angeschlossenen Grundstücke beträgt 4000. Die Grösse des canalisirten Terrains ist ca. = 270 ha mit 80 000 Bewohnern. Bevor das Sielwasser nach Passiren der oben erwähnten Düker (unter der Mottlau) in die Pumpstation eintritt, wird es durch 2 verticale mittelst der Pumpmaschine getriebene Siebräder, sog. Extractoren, von den festen Stoffen befreit; letztere gleiten nach der Achse des Siebrades und werden von hier aus durch eine archimedische Schraube zu Tage gefördert.

Rieselfelder. *(Fig. 18.)*

Das von den Pumpen täglich nach den Rieselfeldern geschaffte Wasserquantum beläuft sich im Durchschnitt auf rot. 15000 cbm. Zur Berieselung wird ein Dünenterrain benutzt, welches zwischen Weichselmünde und dem Dorfe Heubude, etwa 1 km von der Ostsee entfernt und 1 bis 5 m über dem mittleren Wasserspiegel derselben liegt. Die Grösse der zur Verfügung stehenden Fläche beträgt rot. 500 ha, wovon bis jetzt aber nur 180 ha in landwirthschaftliche Benutzung genommen sind. Bei einer Anzahl der Bewohner des kanalisirten Terrains von 80 000 kommt also auf 444 Personen 1 ha Berieselungsfläche.

Das Kanalwasser wird den Rieselflächen durch einen in der Verlängerung des Druckrohrs liegenden Hauptkanal, welcher etwa 4,5 m über der tiefsten Rieselfläche gelegen ist, zugeführt; derselbe hat ein Gefälle von 1 : 6000 und ist aus 1,0 m langen und 1,0 m hohen, im Querschnitt trogförmigen Cementgussstücken hergestellt.

Um einen Nothauslass zu gewinnen, wurde die nach der Ostsee gelegene Dünenkette an einer Stelle durchbrochen und der Hauptkanal durchgeführt. Die Vertheilung des Wassers erfolgte früher, dem „Hangbau" beim Kunstwiesenbau entsprechend, direct durch die vom Hauptkanal abzweigenden Zuleitungsgräben. Diese Art der Bewässerung genügt wohl für den Grasbau, hat sich hier aber sonst nicht bewährt, und man bewässert deshalb jetzt in einer dem „Rückenbau" entsprechenden Weise. Die zu berieselnden Flächen erhalten eine Neigung von 1 : 100 und werden vorher sorgsam planirt. Das Kanalwasser wird in den Zuleitungsgräben durch eingelegte Schütze aufgestaut und giebt seine befruchtenden Sinkstoffe an das überrieselte Land ab. Es werden stets nur Streifen von 15 m successive überstaut. Bei dem durchlässigen Untergrund ist eine Drainage meistens nicht erforderlich, event. genügen Gräben mit Strauchauskleidung. Die Ableitung des abgerieselten Wassers erfolgt durch den Haupt-Entwässerungs-Kanal in die Weichsel. Das abgeführte Wasser ist ganz klar und hat weder Geruch noch Beigeschmack; von den Bestandtheilen der Fäcalstoffe hat sich bei der chemischen Analyse nicht das geringste vorgefunden.

Die Berieselung erfolgt in Zwischenräumen von 1 bis 4 Wochen, die Höhe der Ueberstauung beträgt höchstens 2,5 cm. Die Wiesen haben schon bis 5 Schnitt Gras geliefert; mit sehr gutem Erfolge werden ferner alle Getreidearten cultivirt, desgleichen Rüben, Mais, Oelfrüchte, ferner Gartenblumen (Tulpen, Hyacinthen, Strohblumen etc.), schliesslich Gemüse und Tabak. Die Tabakpflanzen werden auf besonderen Plätzen gezogen, welche durch Wände aus Tabaksstengeln geschützt sind, und etwa 6 Wochen alt auf die Felder so verpflanzt, dass 10 Pflanzen auf 1 qm kommen. Die besten Resultate sind bis jetzt mit ungarischem Tabak erzielt worden. Schon im ersten Jahre der Berieselung, mit welcher 1871 begonnen wurde, entwickelte sich ein üppiger Pflanzenwuchs. Die Absorptionskraft des Bodens vergrössert sich mit zunehmender Humusbildung. Die letztere ist ziemlich bedeutend; denn nach neunjähriger Benutzung beträgt die Stärke der Humusschicht bereits ca. 10 cm.

Die Berieselung wird auch im Winter ohne Unterbrechung fortgesetzt, da das Wasser auch bei stärkster Kälte noch mit einer Temperatur von 3 bis 4° C. auf die Felder gelangt und sich so auch unter der sich bildenden Eisdecke fortbewegt.

Die Herstellung der Rieselfelder kostet pro Morgen 240 M. (pro ha rot. 940 M.), der Reinertrag beträgt (bei einem Pachtpreise von 48 bis 60 M.) etwa 70 M. Die gesammten Betriebskosten für Pumpstation und Kanalbedienung belaufen sich auf ca. 27 000 M. jährlich. Die Kosten für Anlage der Kanalisation betrugen rot. 2 100 000 M.

Das Danziger Kanalisations-System ist ein Project des Geh. Ober-Bauraths E. Wiebe und wurde in den Jahren 1869 bis 1871 ebenfalls von der bereits erwähnten Firma Aird & Mark unter Leitung von Licht, Kawerau und Kunath ausgeführt. Das Abwasser und das ganze Rieselterrain ist auf 30 Jahre jener Firma verpachtet, die dagegen die Kosten für Unterhaltung der Kanalisations-Anlagen und den Pumpbetrieb zu tragen hat.

Welchen Einfluss übrigens die Be- und Entwässerungs-Anlagen auf die sanitären Verhältnisse Danzig's ausgeübt haben, geht sehr deutlich aus einer graphischen Darstellung hervor, welche von Dr. Lissauer entworfen ist und welche wir nach unserer Reise auf der Berliner Hygiene-Ausstellung zu sehen Gelegenheit hatten. Danach starben in der Zeit von 1863 bis 1871, also vor Ausführung der betr. Anlagen, durchschnittlich jährlich von 1000 Einwohnern 36,5, in der Zeit von 1872 bis 1882 indess nur 28,7. Das Maximum der Sterblichkeit betrug in der ersten Periode im Jahre 1866 49,2 $^{0}/_{00}$, das Minimum im Jahre 1869 29,5 $^{0}/_{00}$. Im zweiten Zeitraum wurde das Maximum erreicht im Jahre 1880 mit 31,5 $^{0}/_{00}$, das Minimum 1874 mit 25,3 $^{0}/_{00}$. Am typhus abdominalis starben von 10 000 Einwohnern in der Zeit von 1863 bis 1871 im Mittel jährlich 9,7 Personen gegen 2,8 im Zeitraum 1872 bis 1882.

Nachdem uns Herr Director Kunath durch seinen Vortrag in instructiver Weise über jene interessanten Anlagen informirt hatte, benutzten wir nach kurzer Ruhe den Rest des Vormittags dazu, um unter der Führung des Herrn Ingenieur Augstein einige leicht erreichbare Theile der beschriebenen Werke, namentlich die Pumpstation in loco zu besichtigen, während ein Besuch der entfernter liegenden Rieselfelder auf den andern Tag verschoben wurde.

Nähere Angaben über die Wasserleitung und Kanalisation von Danzig finden sich in folgenden Werken:

1) E. Wiebe, Reinigung und Entwässerung von Danzig.

2) A. W. Kafemann, Wasserleitung, Kanalisirung und Rieselfelder von Danzig.

3) Grahn, Städtische Wasserleitungen I p. 89.

4) Handb. der Ing.-Wissensch. III Tafel X.

5) Betriebsberichte, publ. in der Techn. Zeitschr. des Westpreussischen Arch.- und Ing.-Vereins 1880 p. 23 und 32.

6) Festschrift zur Versammlung Deutscher Naturforscher und Aerzte in Danzig 1880.

7) Deutsche Bauzeitung 1879 p. 369 u. 382 (Vergleich zwischen den Rieselfeldern von Danzig, Berlin, Paris und Breslau).

Morton'sches Patent-Slip.

Einige Reisegenossen sahen sich von der Pumpstation aus noch ein Morton'sches Patent-Slip auf der nahe gelegenen Devrient'schen Privat-Werft an; die Beschreibung einer derartigen Anlage befindet sich im Handb. der Ing.-Wissensch. III p. 1079.

Kaiserliche Marine-Werft*).

Nach einem im Restaurant „Milchpeter" eingenommenen Mittagsmahle begaben wir uns alsdann zu der ganz in der Nähe liegenden Kaiserlichen Werft. Da uns bereits vor Antritt unserer Fahrt durch die Kaiserliche Admiralität die Erlaubniss zur Besichtigung dieser für Fremde sonst fast hermetisch verschlossenen Etablissements gütigst ertheilt worden war, so konnten wir unbeanstandet die am Portal befindliche Wache passiren. Der Ober-Werft-Director, Herr Capitän zur See Zirzow, mehrere Ingenieur-Officiere, sowie die Herren Regierungs-Bauführer Focke und Bindemann hatten in entgegenkommender Weise die Führung übernommen.

Ausrüstung-Magazine.

Zunächst wanderten wir an dem Arbeiter-Controle-Gebäude, an welchem jeder Werft-Arbeiter seine Controle-Marke abgeben muss, vorbei zu den grossen Ausrüstungsmagazinen. Wir sahen hier tausende von Gegenständen, welche zur Ausstattung eines Schiffes gehören, vom einfachen Kupfernagel bis zum schweren, massigen Anker, vom primitiven hölzernen Kochlöffel bis zum complicirtesten nautischen Instrumente — alles mit peinlicher, militärischer Accuratesse geordnet. Dieselbe Ordnung und Sauberkeit glänzte uns aus dem wohlausgerüsteten Spritzenhause entgegen, in welchem auch eine Dampfspritze nicht fehlte.

Die ausgedehnten Bureaus, Magazine und Werkstätten sind alle in den letzten Jahren nach einem einheitlichen Plane neu angelegt und in solidem Ziegelrohbau ausgeführt.

Werkstätten-Anlagen.

Von grossem Interesse waren namentlich die gewaltigen Werkstätten-Anlagen. Auf denjenigen, der vorher nur den in den meisten Fabriken üblichen kleineren Betrieb gesehen hat, machen diese von Dampf getriebenen, in colossalen Dimensionen gehaltenen Dreh- und Hobelbänke, die vielen Scheer-, Stanz-, Bohr- und Fraise-Maschinen, sowie die Werkzeuge zum Richten und Biegen der Panzerplatten und Façoneisen einen grossartigen Eindruck. Zum Heben und Bewegen der zu bearbeitenden schweren Eisen-

---

*) Mit Benutzung einiger Angaben des Herrn Reg.-Bauf. St. Jankowski.

stücke von einer Maschine zur andern dienen starke Wand- und Laufkrahne sowie Differentialflaschenzüge.

An der Werft lag die Glattdecks-Corvette „Ariadne", welche, von längerer Seereise zurückgekehrt, wieder seetüchtig gemacht werden sollte. Die verschiedensten Handwerker waren damit beschäftigt, dieselbe neu auszurüsten.

Bei unserer Weiterwanderung erregte ein mächtiger eiserner Mastenkrahn unsere Aufmerksamkeit. Derselbe befand sich noch in der Montage und soll nach Fertigstellung die stattliche Höhe von etwas mehr als 30 m über M. W. besitzen. Aus 2 Vordermasten und einem beweglichen Hintermast bestehend, kann dieser zu 50 t Tragfähigkeit berechnete Krahn eine rückgängige Bewegung von 18 m machen.

Unser grösstes Erstaunen wurde indess wachgerufen, als wir bei den neuen grossartigen Dockanlagen anlangten. Das Princip derselben besteht darin, dass das zu reparirende Schiff zunächst in ein Schwimmdock gebracht, sodann das Ganze in ein Trockendock gefahren, das Schiff nunmehr in der Längenrichtung auf Schleifbahnen ans Ufer gezogen und reparirt wird, während das Schwimmdock wieder für andere Schiffe benutzt werden kann. (cfr. Handb. der Ing.-Wissensch. III p. 1076 u. ff.) Das Schwimmdock wird daher meistens nur als Transportschiff für die schweren Panzer-Fahrzeuge benutzt und dient erst in zweiter Linie als Reparatur-Stätte. Die erste derartige Anlage ist im Kriegshafen zu Pola ausgeführt; eine andere befindet sich in Carthagena, und diese wurde auch an der Danziger Werft als Vorbild benutzt. Jedoch wurden bei der letzteren bedeutende Verbesserungen namentlich hinsichtlich der Detail-Constructionen angewendet. Das hier befindliche Schwimmdock, ein nach Gilbert'schem Princip construirtes Balance-Dock, besteht wie dasjenige zu Swinemünde (cfr. Beschreibung desselben im Handb. der Ing.-Wissensch. III p. 1073), aus einem eisernen Kasten, der in bekannter Weise durch Anfüllen mit Wasser gesenkt, und nachdem das reparaturbedürftige Schiff aufgebracht ist, durch Leerpumpen wieder gehoben werden kann. Das Dock hat eine Länge von rot. 99 m, eine Breite von 34 m und eine Höhe von 14,75 m. Man kann von dieser Grösse ungefähr eine Vorstellung gewinnen, wenn man erfährt, dass die mit Farbe angestrichenen Flächen einen Inhalt von 944,28 a oder rot. 37 preuss. Morgen besitzen. Das Eigengewicht beträgt 5187 tons und die Eintauchungstiefe in leerem Zustande 2,0 m. Die grössten Panzer-Fahrzeuge, welche in diesem Dock reparirt werden können, sind von der Grösse des Kriegsschiffes „Kaiser von Deutschland" und repräsentiren incl. Schlitten ein Gewicht von 7100 tons. Zur Aufnahme und zugleich zur etwaigen Reparatur dieses Schwimmdocks selbst ist ein colossales massives Bassin gebaut, welches (bei eventuellem Leerpumpen desselben) gegen das Wasser der Weichsel durch ein eisernes Ponton abgeschlossen werden kann. An die obere segmentartig gestaltete Seite des Bassins schliessen sich 3 horizontale Slips radial an. Die Sohle desselben ist aus Beton hergestellt, über welchem sich eine Uebermauerung aus Granit- und Ziegelmauerwerk befindet. — Die ganze Manipulation des Dockens und Aufschleppens geht nun in folgender Weise vor sich:

Nachdem ein Schlitten in das Schwimmdock gebracht und befestigt, wird dieses durch Anfüllen mit Wasser so tief gesenkt, dass das zu reparirende Schiff hineinfahren kann. Hierauf wird das Schwimmdock durch Auspumpen des Wassers so hoch wie nöthig gehoben und, nachdem das eingebrachte Schiff gehörig abgesteift und das Verschlussponton des Bassins ausgefahren ist, in das letztere hineintransportirt. Sodann wird es in die Richtung einer der 3 Schleifbahnen gestellt und durch Anfüllen mit Wasser so lange gesenkt, bis es fest auf dem horizontalen Boden des Bassins aufsitzt. Endlich wird das auf Schlitten befindliche Schiff durch eine am Kopfe des Slips aufgestellte hydraulische Maschine aufgeschleppt. Die Aufzugsmaschine ist locomobil angenommen und wird auf eigens zu diesem Zwecke verlegten Schmierplanken nach den verschiedenen Aufstellungspunkten befördert. Sie besteht aus 5 hydraulischen Pressen, die zu etwa 350 Atmosphären in Anspruch genommen und durch Dampfpumpen betrieben werden. Der Motor, welcher von der hydraulischen Vorrichtung getrennt werden kann, soll auch das Leerpumpen des Bassins, sowie event. auch anstatt der durch Menschenkräfte bewegten Spills (Gangspills) das Verholen und Einstellen des schwerfälligen Balance-Docks besorgen. Der Hub der Pressen ist zu etwa 5 m angenommen. Die Verankerung der Maschine (beim Aufschleppen von Schiffen) geschieht durch Gussstahlketten, welche eine Spannung von rot. 1400 tons auszuhalten haben.

Nachdem nun die Reparatur des Schiffes auf dem Slip bewerkstelligt ist, wird die Aufzugsmaschine an das Bassinhaupt auf das Maschinenponton verfahren und kann nunmehr das Schiff von dem horizontalen Slip in das Schwimmdock zurückziehen, worauf es von diesem in das freie Fahrwasser hinausgebracht werden kann. So lässt es sich ermöglichen, dass bei zweckmässiger Disposition gleichzeitig 4 grosse Panzer-Fahrzeuge, und zwar 3 auf den horizontalen Schleifbahnen, das 4. in dem Schwimmdock selbst, reparirt werden können. Ausserdem finden behufs Reparaturen noch mehrere kleinere Kriegsschiffe Platz in dem leergepumpten und als Trockendock benutzten Bassin. Das letztere hat indess auch die Bestimmung, als Trockendock bei etwaigen Reparaturen an dem grossen Schwimmdock selbst zu dienen.

Das bereits erwähnte Verschlussponton besteht aus einem eisernen Schwimmkasten, an welchem nach oben und unten gehörig versteifte verticale eiserne Wände befestigt sind, welche sich beim Verschliessen des Dockbassins gegen die Anschlagsfalze im Bassinhaupt anpressen. Die untere Wand befindet sich (cfr. Fig. 20—22) in der verticalen Ebene $A\,B$ $C\,D$, während die oberen Wände in den verticalen Ebenen $A\,B$, $B\,E$, $E\,F$, $F\,C$ und $C\,D$ liegen. Die Nische $B\,E\,F\,C$ ist angeordnet als Spielraum für den Kolbenhub der Presscylinder der auf dem etwa vorliegenden Maschinenponton befindlichen hydraulischen Aufzugmaschine, um durch eine derartige Aussparung eine kostspielige Verlängerung des Dockhauptes zu vermeiden.

<table>
<tr><td>Betonmaschine.
(Fig. 28—30.)</td><td>Bei den umfangreichen Beton-Fundirungen war eine von dem bauleitenden Regierungs-Baumeister Martini construirte Mörtelmaschine in Thätigkeit, welche als Tages-Maximum 214 cbm lieferte. Die aus Sand, Kalk und Trass in einer Mörteltrommel zu gleichen Quantitäten her-</td></tr>
</table>

gestellte Mörtelmischung fiel in 2 um diagonale Achsen rotirende Beton-
trommeln, in welche mittelst kleiner, auf Schienen laufenden und $^1/_2$ cbm
enthaltenden Wagen die entsprechende Quantität Kleinschlag nachgestürzt
wurde. Die Materialien-Wagen wurden durch Aufzüge, welche von der
20 pferdekräftigen Betriebslocomobile in Bewegung gesetzt wurden, nach
den Verstürzungsstellen transportirt. (cfr. beiliegende Skizzen.)

Um die in der Betonsohle sich zeigenden, durch Quellen entstandenen
Risse und Undichtigkeiten zu beseitigen, hatte Martini einen interessanten
Quellstopf-Apparat erfunden, der hier wie auch anderwärts ausgezeichnete
Resultate geliefert haben soll. Eine Beschreibung desselben befindet sich
im Wochenbl. für Arch. und Ing. 1881 p. 371.

Martini's Quellstopf-Apparat.

Neben diesen imposanten Dock-Anlagen befinden sich auf der Kaiserl.
Werft noch verschiedene Hellinge zum Neubau von Schiffen. Auf einem
derselben wurde gerade an dem Bau einer eisernen Corvette emsig
gearbeitet. Nach Besichtigung der Bootsbau-Anstalt und des Bootsschuppens
mit seinen vielen, sowohl durch saubere Arbeit, wie durch elegante, zierliche
Formen ausgezeichneten kleinen Fahrzeugen, wurden die Holzmagazine
aufgesucht. Hier waren neben ganz enormen Vorräthen an vortrefflichen
heimischen Holzstämmen auch riesige Bestände der werthvollsten trans-
atlantischen Holzarten, wie Teak-, Mahagoni-, Green-hart-, Guajak- und Pitch-
pine-Holz zu finden, — alles Material, welches beim Schiffsbau sehr ge-
schätzt wird. (cfr. Deutsche Bauzeitung. 1879 p. 23 „Amerikanische Bauhölzer in Deutschland.")

Holz-Magazine.

Auch nahmen wir noch die Tischlerwerkstätten mit ihren vielen
sinnreichen Holzbearbeitungsmaschinen, die Takelage- und Segelmacherei,
die Flaggenmalerei und die grosse Kesselschmiede in Augenschein. In
letzterer herrschte indess wegen des vielen Nietens und Hämmerns ein
solch betäubender Lärm, dass wir es bald vorzogen, von dannen zu flüchten
— in das geräuschlosere Atelier des construirenden Schiffsbauers. Der
Schnürboden ist sein gewaltiges Zeichenbrett, auf welchem die Spanten
und sonstigen Theile des Schiffes in natürlicher Grösse aufgezeichnet werden,
um danach Schablonen und Modelle anzufertigen. Derselbe war vollkommen
eben und mit grauer Oelfarbe gestrichen. Um nichts zu beschädigen,
mussten wir unsere Füsse mit Filzschuhen bekleiden, und so konnten wir,
über die glatte Fläche gleitend, uns die vielen mit Curvenlinealen von 20
bis 50 m Länge gezogenen schwarzen und rothen Linien — die Projection
des Schiffes in natürlicher Grösse — genauer ansehen.

Werkstätten.

Schnürboden.

Hiermit war die Besichtigung zu Ende, und voller Bewunderung verliessen wir diese Stätte, auf welcher Nautik, Mechanik und Bautechnik ge-
schwisterlich vereint ihre Triumphe feiern. Es ist nur zu bedauern, dass
über diese für die ganze Fachwelt so hochinteressanten Anlagen bis
jetzt nichts Ausführliches publicirt wurde.

Wir wollen noch bemerken, dass von den 3 Kaiserlichen Werften in
Deutschland (zu Kiel, Wilhelmshaven und Danzig), für welche neuerdings
wiederum Vergrösserungen in Aussicht genommen sind, die Danziger Werft
sich an der Herstellung des durch den Flottengründungsplan von 1873 ge-

forderten Bedarfs an neuen Kriegsschiffen, sowie an den Ersatzbauten für ausscheidende·Schiffe während der letzten 10 Jahre am hervorragendsten betheiligt hat. Es sind nämlich in diesem Zeitraum zu Danzig 10 Schiffe mit einem Gesammt-Deplacement von 20 945 t, zu Wilhelmshaven 7 Schiffe mit 15 495 t und zu Kiel 5 Schiffe mit 24 590 t gebaut worden.

Eine gemüthliche Zusammenkunft mit den Danziger Collegen beschloss unser Tagewerk.

DRITTER TAG.

Der Hafen von Neufahrwasser, Danziger Rieselfelder, Weichsel-Durchbruch bei Neufähr.

„Fern auf der Rhede ruft der Pilot, es warten die Flotten,
„Die in der Fremdlinge Land tragen den heimischen Fleiss;
„And're zieh'n frohlockend dort ein mit den Gaben der Ferne,
„Hoch von dem ragenden Mast wehet der festliche Kranz."

Schiller (Spaziergang).

Fahrt auf der Mottlau und untern Danziger Weichsel.

Früh morgens um 7 Uhr versammelten wir uns an der „Langenbrücke", wo sich die Station für Revierlootsen nach Neufahrwasser und die Anlegestelle der Dampfboote befindet. Wir bestiegen das bereit liegende Dampfboot und fuhren zunächst durch die alte Stadt die Mottlau hinunter. Die beiderseitigen Ufer mit ihren alten hohen Giebelhäusern und Speicheranlagen, die zahlreichen grossen Fracht- und Handelsschiffe und das geschäftige Leben und Treiben der Bewohner gewährten uns ein höchst malerisches Bild. Die Mottlau bildet hier den eigentlichen Hafen von Danzig und hat durchschnittlich 4 m Tiefe. Sie kommt aus der am linken Weichselufer gelegenen Niederung und theilt sich, nachdem sie durch eine Schleuse in die Stadt getreten ist, in 2 Arme, welche die Speicherinsel umfliessen. (Vergl. Fig. 17.) Fast die ganze Speicherinsel, welche durch 5 Klappbrücken mit den übrigen Stadttheilen verbunden wird, ist mit grossen Magazinen bedeckt und bildet die Hauptverkehrstätte für den grossartigen Getreidehandel Danzig's. Gleich gegenüber am östlichen Mottlau-Arme befindet sich das Hauptzollamt, woselbst sämmtliche zollpflichtigen Stückgüter gelöscht werden müssen. Weiter unterhalb zweigen sich rechts verschiedene Kanäle und der „Kielgraben" ab. An letzterem liegt auch die bereits früher erwähnte „Kämpe" mit der Pumpstation. Etwa 800 m weiter mündet die Mottlau in die todte Weichsel, und ungefähr 500 m unterhalb liegt am linken Ufer die Kaiserliche Werft, deren Werke wir gestern besichtigt hatten. (Siehe Fig. 17.)

Von hier abwärts hat die Weichsel eine durchschnittliche Tiefe von 5,6 m, welche jedoch augenblicklich auf 7,0 m vergrössert wird. Daher befinden sich hier Anlegestellen für Frachtschiffe; auch nehmen grössere Dampfer, an „Duc d'Alben" vertäut, hier gewöhnlich ihre Ladungen aus Leichterfahrzeugen, sog. „Bordingen", ein, da sie in Danzig wegen der in der Mottlau verlegten Düker der städtischen Kanalisation nicht voll beladen werden können. Beide Ufer sind von Holzplätzen und Fabrik-Anlagen eingenommen; der Fluss selbst ist beiderseits mit Holzflössen bedeckt, so dass nur in der Mitte die nöthige Schifffahrts-Rinne übrig bleibt. Von der Kaiserlichen Werft abwärts fuhren wir an zahlreichen Etablissements vorüber und sahen bald an dem rechten Ufer das Fischerdorf Weichselmünde und gleich unterhalb die Festungswerke, welche mit der Westerschanze und mehreren anderen Forts den Ausfluss der Weichsel, den Hafenkanal und die Rhede decken, vor uns liegen.

Die beiden Ufer sind gegen den Abbruch durch Steinkisten, verankerte Balkenwände und Steinböschungen (siehe Figuren 32—34) geschützt. Während bei der Steinkistenconstruction die oberen Theile nach und nach der Zerstörung anheimfielen, haben sich die unter Wasser liegenden Kisten ganz vorzüglich erhalten und können Jahrhunderten Trotz bieten. Bei uns ist der Steinkistenbau — vielleicht mit Unrecht — in Misscredit gerathen; jedoch im benachbarten Dänemark und namentlich in Amerika hat derselbe eine weitgehende Verbreitung gefunden; man hat dort vielfach den oberen Theil massiv hergestellt und die Steinkisten nur bis $N.W.$ hinaufgehen lassen. Ueber die amerikanischen „cribworks" vergleiche einen Aufsatz im „Centralbl. d. B." 1884 No. 27.

Kurz darauf landeten wir am linken Ufer in Neufahrwasser. Dieser Vorhafen von Danzig liegt in ganz niedriger, theils von kleinen Dünen, theils von stehenden Gewässern durchzogener Gegend und ist der einzige grössere Ostseehafen an den Preussischen und Pommerschen Küsten, welcher eine Rhede besitzt, die den hier vor Anker liegenden Schiffen Schutz gegen die herrschenden Winde gewährt. (cfr. Situation der Danziger Bucht Fig. 75.) Das Terrain bei Neufahrwasser ist erst seit einigen Jahrhunderten durch die fortschreitenden Versandungen der Weichsel gebildet. Da nämlich einerseits an dieser durch die Halbinsel Hela geschützten Uferstrecke keine regelmässige Küstenströmung herrscht und andererseits die Weichsel früher bei Neufahrwasser ihre Hauptmündung hatte, so schlugen sich alle Sinkstoffe vor der Mündung nieder und bewirkten so ein stetes Vorschieben des Festlandes in die See. Es ist fast die ganze jetzt bebaute Westerplatte („West-Plate") das Resultat fortwährender Weichsel-Alluvionen, welche schon im Jahre 1686 in grosser Ausdehnung über den Wasserspiegel hervortraten.

Unter Führung des Herrn Hafen-Bauinspector Kummer sowie der Herren Regierungs-Baumeister Anderson und Regierungs-Bauführer Schmidt und Kleemann begann nunmehr unser Rundgang durch die Hafenanlagen.

Der eigentliche Hafen besteht aus dem Hafenkanal und dem „Neuen

Neufahrwasser.*)
(Fig 31 Situationsplan.)

Hafenkanal.

---

*) Der Hafen von Neufahrwasser — unter Benutzung von Mittheilungen des Herrn Reg.-Bauf. Jul. Berns.

Bassin". Der Hafenkanal zweigt sich unmittelbar vor der alten nordöstlichen Haupt-Mündung der Weichsel nach Westen hin ab und war früher gegen Versandungen in Folge des Hochwassers und der Eisgänge auf dem Strome durch eine Schleuse gesichert. Nach dem plötzlichen Durchbruch der Weichsel bei Neufähr im Jahre 1840 dämmte man den Danziger Lauf der Weichsel, die jetzige „todte Weichsel", bis auf eine Schleusen-Communication bei Plehnendorf (siehe später) ganz ab; ebenso coupirte man die eben erwähnte alte Weichselmündung bei Neufahrwasser. Die Schleuse, welche den Hafenkanal von der todten Weichsel trennte, wurde hierdurch überflüssig, und es wurde daher neben derselben ein neuer, für die Schifffahrt bequemerer Kanal angelegt. Die auf diese Weise gebildete Schleuseninsel war indess für die Passage der grössern Schiffe der Kriegs- und Handelsmarine immerhin noch hinderlich, und so entschloss man sich denn im Jahre 1880, sowohl die Schleuse, als auch die Schleuseninsel ganz zu beseitigen und das hierdurch freigelegte Ufer der nunmehr bedeutend verbreiterten Fahrstrasse durch eine Kaimauer einzufassen.

Beseitigung der Schleuseninsel.

Die Arbeiten zu dieser Anlage waren bei unserer Reise noch in vollem Gange. Das Baggern ist mit ausserordentlichen Schwierigkeiten verbunden, da sich noch viele von der früheren Schleuse herrührende Bauhölzer und schwere Steine im Untergrunde vorfinden. Zur Beseitigung dieser Hindernisse werden Taucher verwendet, welche, mit „Skaphander"-Anzügen versehen, die Steine unter Wasser mit einer eisernen Zange fassen, worauf die Steine vermittelst Winden von einem Schiffe aus gehoben werden. Unter den aus der Tiefe des Flusses hervorgeholten Resten der alten Schleuse wurden uns u. a. 2 blumentopfähnliche, 20 cm hohe kupferne Pfannenlager gezeigt, die an derjenigen Seite, gegen welche die Wendesäule bei der Drehung den grössten Druck ausübte, (in Folge der starken Abnutzung) scharfe Schneiden besassen. Einige Wendesäulen und Drempelhölzer, welche bereits auf der Westerplatte lagerten, erregten durch ihre Abmessungen gerechtes Aufsehen; ein rechteckiger Stamm hatte z. B. eine Stärke von nicht weniger als 84 cm.

Kaimauern.
(Fig. 35—37.)

An der erwähnten Arbeitsstelle waren die Kaimauern, mit welchen beide Ufer des Hafenkanals und des „Neuen Bassins" bereits eingefasst sind (und zwar bis zum Anschluss an die Molen), gerade im Bau begriffen. Anfangs gab man der Vorderfläche dieser Mauern einen senkrechten Abschluss (cfr. Fig. 35); in letzterer Zeit führt man sie mit einer Dossirung von $1:8$ aus, so dass das in der beiliegenden Skizze veranschaulichte Profil der jetzigen Ausführung entspricht (cfr. Fig. 36). Die Pfähle und Bohlen der Spundwand wurden mittelst Wasserspülung eingesenkt. Um das Rohr an der Spundwand-Bohle sicher zu befestigen, wurde an letzterer die Nuth um die Dicke des Rohres tiefer eingeschnitten, als es eigentlich für das Einschieben der Feder erforderlich gewesen wäre. In diesem Zwischenraume hatte das Rohr alsdann eine sichere Führung.

Einrammen von Pfählen mittelst Wasserspülung.

Diese Methode der Wasserspülung wurde auch benutzt, um das Setzen der Steinschüttung an der neuen im Bau befindlichen Westmole in dem sandigen Meeresgrunde zu bewirken, und man erzielte dabei ein Versacken von 5 bis 7 cm.

Die zum Zweck der Wasserspülung verwendete Noël'sche Pumpe ist eine Saug- und Druckpumpe, die von 4 Mann bedient wird. Nahe unter dem Windkessel liegen 4 aus Gummi gefertigte Kugelventile, die nach Abheben eines mit 4 Schraubenbolzen befestigten Seitendeckels leicht freigelegt, controlirt und gereinigt werden können. Um uns die zu erzielende Wirkung zu demonstriren, wurde ein gewöhnliches Gasrohr von 5,5 m Länge, dessen oberes Ende mit der Pumpe durch einen Gummischlauch in Verbindung stand, in den sandigen Boden gesenkt. Nach Verlauf von 50 Secunden war das Rohr auf 4,5 m Länge im Boden verschwunden. Bei wiederholten Versuchen zeigte sich stets, dass, sobald das Rohr auf einen Stein im Boden stiess, ein Stocken in dem Einsinken eintrat. Es kann daher diese Vorrichtung zweckmässig auch zum Visitiren des Untergrundes benutzt werden. Nähere Angaben über die Methode der Wasserspülung finden sich:

    1) in der Zeitschr. des Arch.- u. Ing.-Vereins zu Hannover 1877 u. 1879;
    2) im Centralbl. d. Bauverwaltg. 1882 u. 1883;
    3) im Wochenbl. f. Arch. u. Ing. 1879 und 1882;
    4) Clasen, Fundirungsmethoden p. 47;
    5) Deutsche Bauztg. 1877.

Der auf der Baustelle benutzte Cement wird vor seiner Verwendung mit Hilfe des bekannten Cementprüfungs-Apparats von Dr. Michaelis (publ. im Wochenbl. f. Arch. u. Ing. 1880 p. 257) den erforderlichen Festigkeitsproben unterworfen. Von den Probestücken, welche in unserer Gegenwart in den Apparat gespannt wurden, zerriss das eine bei 13,3 kg Zug pro qcm, während ein anderes Stück eine Festigkeit von 14 kg pro qcm zeigte. *(Cementprüfungs-Apparat.)*

Die Herstellung des für die Fundirungen erforderlichen Betons beim Bau der neuen Kaimauern wurde in einer durch eine Locomobile betriebenen Betonmischmaschine bewirkt, die 1,5 m über der Verschüttungsstelle montirt war und sich von andern derartigen Anlagen dadurch unterscheidet, dass sie nur eine einzige Trommel zur gleichzeitigen Mischung von Sand, Cement und Kleinschlag aufweist. Die Art und der Betrieb dieser Anlage, die sich durch Billigkeit, grosse Leistungsfähigkeit und gründlichste Mischung auszeichnet, ist aus beiliegender Zeichnung ersichtlich. *(Betonmischmaschine. (Fig. 42—44.))*

Die eiserne Trommel macht 14 Umdrehungen bei ca. 120 Touren der Maschine in der Minute und 2 Atmosphären Ueberdruck und hat eine Umfangsgeschwindigkeit von 0,44 m in der Secunde. Die tägliche Leistung beträgt 46 cbm bei 12stündiger Arbeitszeit. Die Kosten pro cbm Beton incl. Heranschaffen und Reinigen des Materials belaufen sich und einem Mischungsverhältniss von 1:5:8 auf 2,20 M. Die Anfuhr einer 0,06 cbm (2 Kb'.) haltenden Karre mit Steinen dauert ³/₄ Minute; während dieselbe verstürzt wird, bringt man gleichzeitig Sand und Cement in entsprechenden Mengen ein. Bei der Betonirungsarbeit waren an Bedienungsmannschaften 45 Mann thätig und zwar für:

    1) Bedienung der Locomobile . . . . 2 Mann,
    2) Wasserpumpen . . . . 1 „
    3) Anfuhr von Cement, Sand und Steinen, Harfen, Spülen
       und Verstürzen der letzteren bei durchschnittlich 75 m
       Entfernung der Lagerplätze . . . . 25 „
    4) Beschicken mit Sand und Cement . . . . 4 „
    5) Abkarren für Beton bei 75 m Entfernung . . . . . 6 „
    6) Auskratzen der Kippe, der Karren nach dem Ver-
       stürzen und Einstampfen des Betons . . . . 5 „
    7) Zeitangabe und Regelung des Wasserzuflusses . . . 2 „
                        Summa 45 Mann.

Die besagte Maschine wurde von Möller & Bluhm in Berlin für 650 M. excl. Holzgerüst und Wasserzuleitung angeliefert.

Kaimauer.
(Fig. 35—37.)

Das Mauerwerk der **Kaimauer** wird aus Feldsteinen mit einer Verblendung von schwedischem Granit hergestellt und oben durch eine Granitplatte abgedeckt. In Abständen von 4 m ist dieselbe durch 55 mm starke verzinkte Eisenstangen verankert, während die Reibepfähle durchschnittlich in 6 m Abstand eingerammt sind.

Nachträgliche Einziehung von eisernen Ankern.
(Fig. 38.)

Von Interesse dürfte es sein, zu erwähnen, dass die ältern Kaimauern wegen der spätern Vertiefung der Fahrrinne nachträglich durch Verankerung gegen den Einsturz gesichert werden mussten. Diese wurde nun ohne Aufgraben der Hinterfüllungserde in der Weise bewirkt, dass man von einem Floss aus zunächst die Mauer durchbohrte, sodann den eisernen Stabanker durch die Maueröffnung steckte und durch Ansetzen einer Schraube in das Erdreich genügend tief eindrehte. An der durch die Länge des Ankers bekannten Stelle, wo sich die Schraube befand, wurde ein schmaler Schacht abgeteuft, die Schraube entfernt und an ihre Stelle Verankerungsplatten befestigt. (Siehe beiliegende Zeichnung eines derartigen Ankers.)

Bauhof.

Nunmehr liessen wir uns mit der nahegelegenen Prahmfähre über den Hafenkanal auf die gegenüberliegende „Westerplatte" übersetzen. Hier liegt der fiscalische Bauhof, auf welchem die Reparaturen der Prähme und Boote stattfinden, während Dampfbagger und Dampfschiffe Danziger Privatwerften

Kreissäge zum Vorarbeiten von Spundpfählen.
(Fig. 39—41.)

behufs Reparatur übergeben werden. Ausser mehreren Werkstätten und Schuppen sahen wir eine Maschine, welche zum Einschneiden von Nuth und Feder in die Spundbohlen (mittelst doppelten Sägeschnittes) dient und trotz ihrer primitiven Anlage gut und billig arbeitet. Die Kreissäge macht etwa 1000 Umdrehungen pro Minute; die durchschnittliche tägliche Leistung bei 12stündiger Arbeitszeit beträgt 430 lfdm doppelte Schnitte. Für die Bewältigung der Arbeit sind nöthig: 1 Maschinist, 1 Heizer, 1 Vorarbeiter und 7 Arbeiter zum Heranschaffen der Hölzer. Die Kosten pro lfdm Doppelschnitt incl. Heranschaffen und Aufbringen der Hölzer belaufen sich auf 0,05 M. Die Anschaffungskosten der Getriebe, Schienen, Schlittenaxen und Räder betrugen 400 M. (Hinsichtlich der Construction siehe beiliegende Zeichnung.)

Robert'sche Patentwinde.
(Fig. 49—50.)

Während unserer Anwesenheit auf dem Bauhofe wurde gerade ein Baggerprahm auf den Helling aufgeschleppt und zwar vermittelst einer Robert'schen Patentwinde, deren Construction aus den beigefügten Skizzen ersichtlich ist. Dieselbe wird in ähnlicher Weise gehandhabt wie die gewöhnliche Erdwinde. Die Frictionsscheiben an den obern Enden der Aufwindetrommeln bezwecken, den durch das Aufwinden des Seiles hervorgerufenen Horizontaldruck auf die Zapfenlager aufzunehmen und für diese zu paralysiren.

Kielbank.
(Fig. 45—47.)

Derartige Robert'sche Winden sahen wir auch bei der weiter flussabwärts gelegenen Kielbank, an welcher zwei Schiffe zu gleicher Zeit „Kiel holen" können. Hier werden sie verwendet, um das zum Niederlegen des Schiffes dienende Seil aufzuwinden. (Siehe Zeichnung.)

Am Bauhofe erregte ausser verschiedenen stellbaren Dampframmen noch ein grosser hölzerner Spierenkrahn von 15 tons Tragfähigkeit zum Einsetzen und Niederlegen der Schiffsmasten unsere Aufmerksamkeit. Die höchste Lage des Kettenhakens über M. W. beträgt 17 m, die maximale Ausladung 5 m, die Stärke der beiden Vordermasten in der Mitte je 50 cm.

Nach genügender Besichtigung der diesseitigen Anlagen kehrten wir auf das linke Ufer zurück, woselbst wir auf den neuen Hauptpegel am Fährhafen aufmerksam gemacht wurden. Da der alte Hauptpegel durch den Abbruch der alten Schleuse cassirt werden musste, so wurde hier in der Nähe des Hafenbauinspections-Gebäudes mit demselben Nullpunkte ein neuer Pegel aus emaillirtem Eisenblech hergestellt. Derselbe erhielt gegen ev. Beschädigungen eine Schutzvorrichtung aus Eisenstäben, welche einerseits auf der Spundwand der Ufermauer, andrerseits durch Steinschrauben an dem Mauerwerk befestigt wurden.

Sodann ging unsere Wanderung zum Leuchtthurm und zur Lootsenwarte mit der Zeitballstation. Der Leuchtthurm ist ein runder, weissangestrichener, massiver Thurm mit dunkelgrüner Laterne, und stammt aus der Mitte des vorigen Jahrhunderts. Der Spiegelapparat, welcher in 23,5 m Höhe über M. W. sich befindet, zeigt ein festes, weisses Feuer, welches 14,5 Seemeilen sichtbar ist, und besteht aus 7 Petroleumlampen mit parabolischen Hohlspiegeln.

Auf dem ca. 340 m entfernten Lootsenberge steht die eben erwähnte Lootsenwarte mit der Zeitballstation. Ueber die Einrichtung einer Zeitballstation finden sich nähere Angaben in der Deutschen Bauzeitung 1879 p. 248. Es sei hier nur bemerkt, dass der Zeitball, welcher 10 Minuten vor dem Niederfallen auf seine halbe, 3 Minuten vorher auf seine ganze Fallhöhe gezogen wird, durch plötzliche elektrische Auslösung genau um die Mittagszeit von Greenwich niederfällt, und dass der beobachtende Schiffer durch dieses weithin sichtbare optische Signal im Stande ist, sein Chronometer genau zu reguliren. In der Nähe des Thurmes steht ausserdem noch ein 21 m hoher Mast, an welchem von den Lootsen ein schwarzer kugelförmiger Korb aufgezogen wird, wenn die Schiffe von der Rhede aus nicht in den Hafen einlaufen dürfen.

Inzwischen waren auf der Spitze, welche zwischen dem Hafenkanal und dem „Neuen Bassin" liegt, seitens des dort stationirten Lootsen-Commandeurs Herrn Schmidt Vorbereitungen getroffen, um uns in überaus instructiver Weise den Manby'schen Rettungsapparat vorzuführen. Aus einem Mörser von 15 cm Durchmesser wurde über ein Schiff hinweg, das an dem gegenüberliegenden Ufer des „Neuen Bassins" ein gestrandetes Wrack markirte, eine Kugel geschossen, an der eine Wurfleine befestigt war. Der Mörser war so gut gerichtet, dass die Wurfleine auf die Gaffel am Fockmast fiel und von der Mannschaft auf dem verunglückten Schiffe leicht aufgefangen werden konnte. Mit Hilfe dieser Leine wurde sodann das Jollentau, eine aus Manila-Hanf gedrehte Leine ohne Ende, und schliesslich das eigentliche Rettungstau von 8 cm Umfang (aus gewöhnlichem Hanf) nach dem Schiff hinübergezogen. Das Rettungstau wurde auf dem Wrack möglichst hoch am Maste und ebenso auf dem Lande an einem Pfahle sicher befestigt. Mit Hilfe des Jollentaus wurde nunmehr eine Rettungskausche nach dem Schiff befördert, und nicht lange währte es, so wurde wirklich ein alter Seemann durch diesen Apparat „gerettet". Da es versäumt war, das Rettungstau auf dem Lande, wie es sonst in Fällen wirklicher Gefahr zu geschehen pflegt, sehr straff über einen hohen dreibeinigen Bock zu spannen, so senkte sich dasselbe sammt der Rettungskausche in der Mitte bis ins Wasser, so dass der wetterfeste Schiffer ein unfreiwilliges Bad geniessen musste. Es mag hier noch bemerkt werden, dass die Verständigung vom Lande aus mit den Mannschaften des Wracks durch bestimmt vorgeschriebene Flaggensignale erfolgt. (Ueber Rettungsversuche vergl. „Hagen, Handb. der Wasserbaukunst", Th. III, Bd. 4, p. 351, ferner den interessanten Aufsatz in der Zeitschr. f. B. 1859 p. 411, sowie die Broschüre des Deutschen Rettungsvereins „Der Seemann in Noth".)

Lootsen-Bootshafen.

Sodann besichtigten wir den gleich nebenan liegenden Lootsen-Bootshafen und -Bootsschuppen. Hier befand sich u. a. ein hölzernes Rettungsboot mit Selbstentleerung, welches auf einem geneigten Slip stets für Rettungszwecke zum Ablauf bereit liegt. (Vergl. Zeitschr. f. B. 1859 p. 411.)

Neues Bassin.
(cfr. Fig. 31.)

Nunmehr ging's zu den neuen Hafen-Anlagen! Während der Hafenkanal von der Schleuseninsel bis zur Wurzel der Ostmole eine Länge von 1600 m und eine zwischen 51 und 85 m variirende Breite besitzt, hat das Neue Bassin eine Länge von 700 m und eine Breite von 95 m erhalten, welche letztere jedoch in der Einfahrt auf 150 m vergrössert wurde, so dass auch die grössten Schiffe hier wenden und vor dem Ausgehen die Deviation ihrer Compasse bestimmen können. Die beiden Langseiten sind wie beim Hafenkanal durch verankerte Kaimauern auf Pfahlrost, deren Oberkante auf 1,9 m über M. W. liegt, das westliche Ufer indess nur durch ein Bohlwerk eingefasst, um bei eintretendem Bedürfniss das Bassin nach dieser Seite hin (ev. bis zum Sasper-See) bequemer verlängern zu können.

Güterschuppen und Krahnanlagen.
(Fig. 53, 54, 55—63.)

Auf dem südlichen Ufer des Bassins stehen 3 Eisenbahn-Güterschuppen, zwischen diesen und dem Ufer liegen 1 Eisenbahn- und 1 Krahngeleis, während hinter denselben, durch Drehscheiben verbunden, 2 Eisenbahngeleise sich hinziehen. Auf dem Krahngeleise laufen 2 Dampfkrahne von 1500 kg Tragkraft, deren interessante Manipulationen, im gleichzeitigen Fortbewegen des Krahnes, Heben resp. Senken der Last und Drehen des Auslegers bestehend, uns eingehend gezeigt wurden. Die totale Hubhöhe eines derartigen Krahnes beträgt 11,8 m (davon liegen 7,5 m über M.W. und 4,3 m unter M.W.) und die Ausladung von Mitte Drehaxe 7,5 m, von Kaimauer-Kante 5,6 m. Die Gesammtkosten des Dampfkrahnes excl. Fundamente beliefen sich auf 10 400 Mk. Die Construction geht aus Fig. 55 und 56 hervor. Ausserdem giebt ein Querprofil durch den südlichen Kai des neuen Hafenbassins (Fig. 53) die Lage des Krahngeleises, des Lagerschuppens, der Ladegeleise und der Zufuhrstrasse näher an. Neben diesen interessanten transportablen Dampfkrahnen befindet sich auf dem südlichen Kai auch noch ein fester, drehbarer Lastenkrahn von 10 000 kg Tragkraft mit Handbetrieb (siehe Fig. 61—63). Derselbe hat eine Hubhöhe von 14 m, wovon 9,5 m über und 4,5 m unter M.W. liegen. Die Uebersetzung der Arbeitsleistung an den 2 Kurbeln beim Heben einer Last hat das Verhältniss 1:220 resp. 1:65 bei Einschaltung der punktirten Getriebe. Die Gesammtkosten dieses

von Schichau in Elbing gelieferten Krahnes betrugen excl. Fundamente
8 900 Mk.

Auf dem nördlichen Bassin-Ufer (Querprofil der Kaimauer etc. siehe
in Fig. 54) stehen 5 Güterschuppen, neben denen sich 2 Geleise hinziehen.
Am untern Ende ist vor Kurzem ein fester, drehbarer Lastenkrahn von
25 000 kg Tragkraft aufgestellt worden (cfr. Fig. 57—60). Die totale Hubhöhe desselben beträgt 17,2 m (11,4 m über und 5,8 m unter M.W.) und die
Uebersetzung der Arbeitsleistung an den 4 Handkurbeln beim Heben einer
Last ist 1:338 resp. 1:179 bei Einschaltung des punktirten Getriebes, resp.
1:75 bei Ausschaltung des letzten Vorgeleges. Eine ganze Umdrehung
um 360° kann durch 2 Mann in 5 Minuten erfolgen. Die Kosten betrugen
excl. Fundamente 29 800 Mk.

Die Verbindung der einzelnen Hafen-Geleise unter einander und mit
dem Güterbahnhof Neufahrwasser erhellt aus der beigefügten Situationszeich-
nung. Zum Schutze der im Bassin liegenden Schiffe gegen die nördlichen
Winde ist zwischen demselben und dem nahen Strande ein Deich geschüttet,
dessen Krone 5,5 m über M.W. liegt. Der Strand ist längs des Bassins bis   Strandbefestigung.
zur Wurzel der Westmole durch eine sich gegen eine Spundwand stützende   *(Fig. 64.)*
Steinböschung befestigt und gegen Auskolkungen durch Senkfaschinen mit
Steinpackung gesichert. (Siehe Zeichnung.) In Verbindung hiermit wurden
10 m lange Pfahlbuhnen in Entfernungen von 18 m von einander in die
See vorgebaut.

Die neue Westmole, welche eine Länge von 208 m erhalten wird, ist   Neue Westmole.
noch im Bau begriffen. Dieselbe besteht aus 2 mit einer Neigung von 1:4   *(Fig. 65—70.)*
eingerammten Pfahlwänden, die, in der Höhe des M.W. gerechnet, 6,2 m von
einander entfernt und gehörig mit einander verankert sind. Der Zwischenraum ist durch Steinschüttungen ausgefüllt. Sobald sich diese in Folge des
Wellenschlages genügend gesetzt haben, soll eine Mauer bis 1,83 m über
M.W. aufgeführt werden. Die beigefügte Zeichnung veranschaulicht die
beiden Bau-Phasen und Detail-Constructionen der Westmole.

Die Ostmole, welche wir sodann aufsuchten, hat vom Fuss der Dünen   Ostmole mit Leucht-
bis zum Kopf eine Länge von 831 m und tritt 440 m über den Kopf der   thurm.
neuen Westmole hervor, um das Hineintreiben der auf der Ostseite liegen-   *(Fig. 71—74.)*
den Sandmassen in die Hafeneinfahrt zu verhindern und das Einlaufen der
Schiffe bei starken östlichen und nordöstlichen Winden zu ermöglichen.
Die Molen convergiren von 93 m Entfernung von einander (Breite des Hafenkanals an der Wurzel der Westmole) bis auf eine solche von 61 m. Die Ostmole
war ursprünglich aus Steinkisten zusammengesetzt, wurde jedoch nachträglich
durch Senkstücke verstärkt und dann durch schwere Steine abgepflastert.
Durch die in dem früheren Steinkistendamm vorhandenen Zwischenräume
trieb nämlich seeseitig viel Sand in die Hafeneinfahrt; ausserdem glaubte
man nach den bei den Hafenbauten in Cherbourg und Plymouth gemachten
Erfahrungen das Prinzip der steilen Hafendämme verlassen und statt dessen
flachere Dossirungen anwenden zu sollen. An der Hafenseite zieht sich   Gordungswand.
längs der Mole eine „Gordungswand" mit Laufbrücke hin, damit einerseits   *(Fig. 74.)*
die Schiffe nicht auf die Dossirung auflaufen können und damit andrerseits
eine Passage zur Leuchtbaake auf dem Molenkopfe hergestellt wird, wenn

der Molenrücken bei starkem östlichen Wellengange nicht begangen werden kann. Die Laufbrücke verursacht grosse Unterhaltungskosten, so dass sie voraussichtlich bald durch die zweckmässigere Anlage einer Brustmauer auf der seeseitigen Kante der Molenkrone (wie bei Pillau und andern Ostseehäfen) verdrängt werden dürfte. (cfr. Zeichnung.)

Leuchtbaake.
(Fig. 71—73.)

Wie angedeutet, steht auf dem 2,2 m über M.W. liegenden Kopfe der Ostmole eine eiserne Leuchtbaake, welche, 1842 erbaut, insofern Interesse verdient, als hier im Frühjahr 1843 der erste katadioptrische Apparat in Deutschland, ein Fresnel'scher Apparat VI. Ordnung, zur Verwendung gekommen ist, der indess neuerdings durch einen solchen V. Ordnung ersetzt wurde. Derselbe zeigt ein durch Mineralöl gespeistes rothes Feuer, 13,5 m über M.W. Die Anlage, deren Construction aus der beigefügten Zeichnung hervorgeht, wurde publicirt in der Zeitschr. f. Bauwesen 1851 p. 125.

Was schliesslich die Verkehrsverhältnisse von Neufahrwasser betrifft, so fand der stärkste Schiffsverkehr in den Jahren 1862 und 1863 statt, wo über 3000 Schiffe in den Hafen einliefen. Im Jahre 1882 liefen ein 2123 Schiffe mit einem Gesammtraumgehalt von 1 707 944 cbm (und zwar (1205 Segel- und 918 Dampfschiffe), während 2080 Schiffe den Hafen verliessen. Der Import erstreckt sich hauptsächlich auf Steinkohlen und Cokes, Eisen, Heringe und Petroleum, der Export auf Holz und Getreide, Kartoffeln, Melasse, Oelkuchen und Spiritus.

Hiermit verlassen wir den Hafen von Neufahrwasser und bemerken nur noch, dass wir, um den Bericht nicht zu umfangreich zu gestalten, uns hier auf eine kurze Beschreibung der betreffenden Anlagen beschränken mussten, was um so mehr gerechtfertigt erschien, als inzwischen in der Zeitschrift für Bauwesen 1883 eine ausführliche, auch die historische Entwicklung berücksichtigende Abhandlung über den genannten Hafen aus der Feder des Herrn Geheimrath L. Hagen erschienen ist, auf die wir hier zwecks weiterer Studien verweisen. Kürzere Notizen finden sich noch im Wochenbl. f. Arch. u. Ing. 1882 p. 395 und in der Zeitschr. f. Bauw. 1879 p. 125.

Westerplatte.

Von der Ostmole wanderten wir über den Strand an dem sog. Kaisersteg vorbei, der auf Pfahljochen weit in die See hinausgebaut ist, (um den Badegästen den vollen Genuss der Seeluft zu ermöglichen), dann quer über die Westerplatte an der neuen eben fertig gewordenen „Strandhalle" vorüber nach dem Restaurationslokal, woselbst uns Herr Hafenbau-Inspector Kummer eine freudige Ueberraschung bereitete. Derselbe überreichte nämlich einem jeden von uns ein Heft mit autographirten Zeichnungen der bemerkenswerthesten Bauwerke des Hafens von Neufahrwasser. Mit herzlichem Dank nahmen wir diese schöne Sammlung, die wir auch bei Abfassung dieses Berichtes benutzten, entgegen als Erinnerung an die hier verlebten lehrreichen Stunden sowie an unsere freundlichen Führer während dieser Zeit.

Raketen-Apparat für
Rettungszwecke.

Bevor wir die „Westerplatte" verliessen, wurden wir noch mit dem nach andern Prinzipien construirten, ebenfalls für Rettungszwecke dienenden „Raketenapparat" bekannt gemacht. Derselbe hat vor dem bereits erwähnten Manby'schen Apparat den Vortheil, dass die Geschwindigkeit des Geschosses sich allmählich steigert und dass das letztere nicht, wie bei dem

Mörserapparat, zu Anfang die grösste Geschwindigkeit hat, welche leicht ein Reissen der an die Kugel befestigten Wurfleine veranlasst.

Nunmehr begann — variatio delectat! — eine heitere Leiterwagen-Fahrt nach den Danziger Rieselfeldern. Anfangs ging's im allegro furioso auf Weichselmünde zu, aber bereits beim Passiren dieses Dorfes mässigte sich dieses tempo. Als wir aber das freie Dünen-Feld erreichten, ging die Gangart in fühlbarem decrescendo in den trostlosesten Largo-Takt über; die Räder sanken immer tiefer in den losen Sand ein, und auf einmal — stand die Karre still. Aus Mitgefühl gegen unser Transportmittel sprangen wir vom Wagen, und während die edlen Rosse erleichtert ausholten, zogen wir im „Gänsemarsch" nebenher. Also erreichten wir die Danziger Rieselfelder! — Unter der Führung des Herrn Ingenieur Augstein wanderten wir über diese durch rationelle Bearbeitung und Berieselung zu den prächtigsten Wiesen und Ländereien umgeschaffenen, früher vegetationslosen und sterilen Dünenflächen. Da wir bereits eine nähere Beschreibung der ganzen Anlage im Zusammenhange mit der Danziger Kanalisation gegeben haben, so können wir dem letzten Ziele unseres heutigen Programms entgegeneilen.

Fahrt nach den Danziger Rieselfeldern.

Wir bestiegen wieder unsere ländlichen Fuhrwerke und verfolgten das rechte Ufer der todten Danziger Weichsel. Die Fahrt ging über Heubude (einen von Danzigern vielbesuchten Vergnügungsort) und wurde recht interessant durch den Ausblick auf die Weichsel, welche von unzähligen Holztraften übersäet war. Dieselben sind von den sogenannten Flissen oder Flissaken, welche mitunter ihr recht malerisches National-Kostüm (weissen Faltenrock mit rother Leibbinde und grosse Wasserstiefeln) tragen, bemannt und werden aus Polen nach Danzig geflösst, um in dem todten Arm der Weichsel bis zum erfolgten Verkaufe des Holzes ihren Hafen zu finden.

Todte Weichsel.

Bald waren wir in der Nähe des Dorfes Neufähr an der Plehnendorfer Schleuse (siehe unten) angelangt und nach Besichtigung derselben eilten wir unter Führung des Herrn Baurath Degner der Dünenkette zu, durch welche sich die Weichsel vor 4 Jahrzehnten gewaltsam einen Ausweg in die nahe Ostsee gesucht hatte. Wir erstiegen die nächste Anhöhe und hatten von dort aus einen vortrefflich orientirenden Ueberblick über die ganze Weichselmündung. Das war also der Schauplatz jenes in seinen Folgen so überaus wichtigen elementaren Ereignisses, welches in der Nacht vom 1. auf den 2. Februar 1840 eintrat und die von der Wassersfluth bedrängten Einwohner des Dorfes Neufähr in die grösste Angst versetzte! Ueber die Entstehungsursachen jener Katastrophe sind verschiedene Hypothesen aufgestellt worden, von denen wohl diejenige des Dünenbauinspectors Krause, welche derselbe in seinem vorzüglichen Werkchen: „Der Dünenbau auf den Ostsee-Küsten Westpreussens" geltend macht, am meisten den Schein der Wahrscheinlichkeit trägt. Krause nimmt an, dass die Weichsel bereits in früherer Zeit an der Stelle, wo jetzt Neufähr liegt, Ausmündungen gehabt habe, dass die letzteren indess allmählich von der See aus durch Sandablagerungen verschlossen worden seien. Darauf deute die eigenthümliche Formation der Dünen an jener Stelle hin, die bedeutende Lücken und in diesen Lücken Wasserlachen und Spuren des alten Flussbettes, die sogenannten „Glowwen", enthielten. Ausserdem habe die Ostsee beim Ver-

Plehnendorfer Schleuse.

Neue Weichsel-Mündung.
(Fig. 75 u. 76.)

schliessen jener Mündungen zwischen dem Sande grosse Massen von sogen. Bernsteingemüll (zuweilen bis 1,3 m stark) abgelagert, so dass das höher als der Seespiegel stehende Flusswasser die Möglichkeit gehabt habe, durch den theilweise sehr consistenzlosen Boden durchzusickern. Dann ist noch zu bemerken, dass der von der Weichsel durchbrochene Dünenzug nach beiden Seiten sehr steile Böschungen zeigte und bei einer Höhe von rot. 30 m in seinem Fusse nur etwa 80 m breit war. Und zwischen diesem schmalen Dünenzuge und dem nächsten Dünenhügel, der nördlich von demselben lag, befand sich eine tiefe Glowwe, die gegen die See hin in eine Schlucht auslief und bei hohen Weichselwasserständen durchgesickertes Wasser von fast 10 m Tiefe enthielt. Die Weichsel führte nun in dem verhängnissvollen Jahre 1840 ganz colossale Eismassen ab, so dass in der Danziger Weichsel von Weichselmünde bis weit über Neufähr hinauf sich eine vollständige Grundstopfung bildete. Die Wassermassen stiegen in Folge dessen im obern Theile der Weichsel so an, dass dicht vor Bohnsack (siehe die beiliegende Situation) ein Deich-Durchbruch erfolgte. Die Hochfluthen überstauten dieses Dorf, richteten sich dann gegen die Düne, fielen auf Neufähr ein, bespülten den Fuss des oben beschriebenen Dünendammes, stauten in weiterem Laufe vor dem höher gelegenen Terrain an den sogenannten Sandkathen, von denen sich ein fester Vorschussdamm bis zur Weichsel hinzog, mit grosser Vehemenz zurück und unterwühlten den lockern Dünenboden. Das Stromwasser sickerte in erhöhtem Maasse in die erwähnte tiefe Glowwe durch; es trat endlich ein Grundbruch ein, und die hohe Düne stürzte machtlos zusammen! Die entfesselten Fluthen wälzten sich weiter durch die Schlucht, rissen auch die Vordünen nieder und erreichten so die Ostsee. So entstand in einer Nacht die neue Weichselmündung, und die Danziger Weichsel, welche bisher vom Danziger Haupt bis nach Neufahrwasser eine Länge von rot. 31 km hatte, war mit einem Schlage um 15 km abgekürzt. Die Natur erreichte auf diese Weise ohne künstliche Beihülfe, was von dem Regierungs- und Baurath Petersen bereits im Jahre 1806 als zweckmässige Abhülfe empfohlen war, indess wegen der grossen Kosten unterlassen werden musste, — nämlich die Herstellung eines Durchstichs bei Neufähr. Um nun den untern todtgelegten Stromtheil zwischen Neufähr, Danzig und Neufahrwasser den nachtheiligen Einwirkungen der künftigen Eisgänge zu entziehen, wurde derselbe durch einen Erddamm coupirt und als Schifffahrtsverbindung ein Kanal mit Schleuse angelegt. Diese Plehnendorfer Schleuse (vergl. Zeitschr. f. Bauw. 1862) wurde noch im Jahre 1840 fertig gestellt und zwar der nöthigen Beschleunigung halber ganz aus Holz. Dieselbe hat eine Länge von 60 m und in den Häuptern eine lichte Weite von 12,6 m und steht gewöhnlich offen; nur bei starkem Steigen der Weichsel und bei Deichbrüchen im Danziger Werder wird sie geschlossen. Die wichtigen Vortheile, die jenem Weichsel-Durchbruch folgten, sind nun folgende:

1) Danzig erhielt in der bereits oft erwähnten „todten Weichsel" einen vollständig sichern Binnenhafen von 15 km Länge.

2) Die Schleuse im Hafenkanal bei Neufahrwasser, welchen nur Schiffe von höchstens 3,5 m Tiefgang passiren durften, konnte abgebrochen werden, so dass seitdem auch tiefer gehende Fahrzeuge von der offenen See nach Danzig einlaufen können. Ebenso war es zulässig, die alte Weichsel-

mündung zwischen Westerplatte zu coupiren und so das jetzt weiter nord-westlich nach der See hin ausmündende Hafenbassin bei östlichen Winden gegen Versandung zu schützen.

Eine weitere Consequenz jenes Weichsel-Durchbruchs war auch die, dass oberhalb der neuen Mündung zunächst ein verstärktes Gefälle entstand; das Flussbett vertiefte sich, der Wasserspiegel sank alsdann, und das Gefälle nahm wieder ab. In Folge dessen verlor der rechtsseitige 25 km lange Stromarm am Danziger Haupte, die sog. Elbinger Weichsel, das bisherige Gefälle und versandete allmählich fast vollständig. Die directe Schifffahrts-verbindung zwischen Danzig, Elbing und Königsberg war somit aufgehoben, und um dieselbe auf anderm Wege wieder herzustellen, legte man von Rothebude am Danziger Haupt bis Stobbendorf einen neuen Kanal an mit theilweiser Benutzung des Tiegeflusses. In diesem 20,35 km langen Kanal befindet sich bei Rothebude eine grosse Strom- und Schifffahrtsschleuse und bei Tiegenhoff eine massive Stau- und Schifffahrtsschleuse. Die Schleusen haben 6,28 m lichte Weite in den Häuptern, der Kanal hat 11,3 m Sohlen-breite, 18,2 m obere Breite und 1,73 m mittlere Tiefe. Der Weichsel-Haff-Kanal wurde 1845 begonnen und 1850 fertig gestellt. (cfr. Zeitschr. f. Bauwesen 1862 p. 32.)

In welchem Maasse übrigens die Ostsee an der jetzigen Mündungs-stelle der Weichsel in Folge der vielen von der letztern mitgeführten Sink-stoffe versandet, geht aus Beobachtungen und Berechnungen hervor, die man seit 1840 angestellt hat. Es wurde ermittelt, dass von 1840 bis 1876 nicht weniger als 44 Millionen cbm Sinkstoffe sich vor der Mündung abge-lagert haben. Der Stromlauf hat sich in Folge dessen bereits um 2 km verlängert; allerdings wird sich das Vorschieben der Mündung in die See fernerhin immer langsamer vollziehen, da die Breite und Tiefe immer mehr zunimmt.

Um bei Eisgang, der gerade an der Mündung am bedenklichsten wird, die Wasser- und Eismassen in einem regelmässig ausgebildeten Stromprofil zusammenzuhalten, wurden in der Verlängerung der beiden Ufer Parallel-werke angelegt. Durch letztere wird die concentrirte Strömung auf die aus Weichsel-Sinkstoffen gebildete, gerade vor der Mündung liegende Messina-Insel (cfr. Fig. 76) gerichtet und hierdurch ein Abbruch des westlichen Theiles derselben bezweckt.

Wenn wir auch auf eine Beschreibung der Weichsel und die noch schwebende wichtige Regulirungsfrage später bei der Bereisung der Weichsel zurückkommen werden, so wollen wir doch eines Ereignisses, welches leicht für Danzig hätte verhängnissvoll werden können, nämlich des 1 Monat vor unserer Reise erfolgten Eisganges, Erwähnung thun, um so mehr, als wir vom Gipfel unserer Düne die devastirte Gegend fast ganz überschauen konnten.

Schon im November 1882 hatte sich bei niedrigem Wasserstande in der Weichsel Grundeis gebildet, welches später noch durch antreibendes Schlammeis verstärkt wurde und schliesslich bei Neufähr zum Stehen kam. Die entstandene Eisdecke hatte im Danziger Bezirk die bisher noch nicht beobachtete exorbitante Stärke von 8 m. Jedoch gelang es nach riesigen Anstrengungen mittelst der auf der Weichsel stationirten, von der Regie-

rung unter Betheiligung der Deichverbände angeschafften Eisbrech-Dampfer
die Weichsel aufwärts bis Marienwerder in einer Breite von 80—100 m auf-
zubrechen. Man glaubte die Eisgefahr bereits glücklich beseitigt zu haben,
als im Anfang des April 1883 weiter aufwärts neue Eisschiebungen stattfanden,
so dass massenhafte Eisschollen nach See hinabschwammen. Der anhaltend
wehende starke Nordwind hinderte indess an der Weichselmündung den Aus-
tritt und veranlasste unterhalb Neufähr bis zum Häringskrug eine dichte Eis-
stopfung. Das rasch sich anstauende Stromwasser stürzte am 6. April oberhalb der Plehnendorfer Schleuse über den sog. „Ausfall" und bedrohte den
Danziger Werder und Danzig selbst mit einer Ueberschwemmung. Mit Hülfe
des rasch entbotenen Militärs gelang es glücklicherweise, einen Deichbruch
und das weitere Ueberfluthen des Wassers in die Niederung zu verhindern In
Folge des zunehmenden Wasserdrucks kam dann die Stopfung gegen Abend
in Bewegung und ging zur See ab. Jedoch schon am 7. April trat von
Rotherkrug bis Häringskrug eine neue Eisversetzung ein, die auf dem
rechten Ufer 5 Deichbrüche veranlasste. Hierdurch wurden die sämmtlichen
an der Weichselmündung gelegenen Ortschaften der neuen Binnen-Nehrung
unter Wasser gesetzt, blieben aber vor dem Aeussersten bewahrt, da bereits
am Nachmittage die Eisversetzung glücklicher Weise zum Abgang kam.
Vielleicht würde ein starker, von der See aus die Eisversetzungen in der
Strommündung bekämpfender Eisbrecher auch das wirklich entstandene
Unglück verhütet haben. Ueber diesen hier nur kurz behandelten Vorfall
finden sich nähere interessante Mittheilungen im „Centralbl. d. Bauverwaltg.
1883, p. 143.

Dünen Culturen.

Bevor wir die Dünenkette verliessen, wurden wir noch auf die hier
sorgsam gepflegten Dünenculturen, welche für die Erhaltung des Strandes
und der dahinter liegenden fruchtbaren Niederung von ausserordentlicher
Wichtigkeit sind, aufmerksam gemacht. Gegen die Mitte des vorigen Jahrhunderts waren die früher fast an der ganzen Küste bestehenden schützenden
Kiefernwaldungen theils durch unkluge Unternehmungen, theils durch Orkane
grösstentheils zerstört. Der Flugsand äusserte in Folge dessen solch' ver-
heerende Wirkungen, dass man an maassgebender Stelle an eine Abwehr
der Versandungsgefahren denken musste. Von der naturforschenden Gesellschaft in Danzig wurde 1768 ein Preis ausgesetzt für die beste Beant-
wortung der Frage, wie am billigsten der überhandnehmenden Versandung
der Danziger Nehrung vorgebeugt werden könne. Ein Wittenberger Professor namens Titius erhielt den Preis. Derselbe bezeichnete die Wieder-
herstellung der zerstörten Küstenwaldungen als das einzige Mittel zur
Abhilfe und zur Unterstützung derartiger Unternehmungen die vorherige
Anpflanzung des in Dänemark vorkommenden Sandrohres oder Strandhafers
(*arundo arenaria*). Der Danziger Freistaat achtete indess nicht auf diese
weisen Vorschläge, stellte vielmehr nach eigenem Ermessen hohe Strauch-
zäune auf die Dünenrücken, wodurch diese indess zu abnormen, steilen
Höhen anwuchsen und durch Einsturz dem Flugsande ein neues und noch
weiteres Angriffsfeld eröffneten.

Erst als Danzig 1793 preussisch wurde, schritten die Behörden gegen
derartige unsinnige Experimente ein. Man gab einem Bürger der Stadt,

Sören Biörn, einem Dänen von Geburt, den Auftrag, das von Titius empfohlene und in Dänemark bereits übliche Verfahren praktisch anzuwenden. Das gelang auch vortrefflich; die vorhandenen Dünen wurden zunächst durch Anpflanzung mit Strandhafer (*arundo arenaria*) und Strandweizen (*elymus arenarius*) festgelegt, und sodann neue Kiefernculturen eingerichtet. So wurde Biörn der Begründer des westpreussischen Dünenbaues. Vom Jahre 1820 wurden alsdann fast alljährlich Geldmittel aus der Staatskasse für den Anbau der Dünen angewiesen, und so wurde bald das ganze Küstengebiet der frischen Nehrung von Weichselmünde bis Kahlberg und später bis zum Pillauer Seetief in der angegebenen Weise mit bestem Erfolge befestigt. Auch auf der Halbinsel Hela, deren Dünen sich in einem bedenklichen Stadium der Zerstörung befanden, wurden ähnliche Befestigungsarbeiten vorgenommen, und auf diese Weise für diese Erhaltung dieser für die Danziger Rhede so ausserordentlich wichtigen Landzunge gesorgt. Es sei hier noch bemerkt, dass auch weiter nach Nordosten auf der langgestreckten, schmalen Kurischen Nehrung namentlich in den letzten Jahren ausgedehnte Dünenculturen von Seiten des Staates angelegt wurden. Es war dieses um so nöthiger, als die dortige Dünenkette stellenweise bereits die bedeutende Höhe von 60 m erreicht hatte.

Um nun die bewegliche Sandoberfläche gegen die Angriffe des Windes zu schützen oder um die einzelnen Sandkörnchen auf der Düne festzuhalten, hat man hier nach vielen Versuchen folgende Methode als die beste erprobt. Die ganze zu befestigende Fläche wird mit einem Netze überzogen, dessen Fäden aus reihenweise gepflanzten Sandgräsern (*arundo aren.* und *elymus aren.*) bestehen und dessen Felder mit büschelweise gepflanzten Sandgräsern ausgefüllt werden. Je dichter dieses Netz gezogen und je dichter die Büschelpflanzung darin hergestellt wird, desto grösser sind die Erfolge. Das Quadrat ist die am häufigsten benutzte Form in dem regelmässigen Netze; die Grösse der Seiten variirt von 1,50 m bis 3,0 m. Je flacher der Boden, um so weiter können, je steiler die Böschung, um so enger müssen die Felder angelegt werden. Die Ausfüllung der quadratischen Felder, welche gegen einander versetzt werden, durch Büschelpflanzungen, wird meistens als „Dreieckspflanzung" ausgeführt und hat den Zweck ein Aushöhlen der Felder zu verhüten. Die Anlage von Weiden-Strauchhecken erwies sich als ganz unpraktisch.

Eine andere Methode, wie die eben geschilderte, wurde neuerdings mit guten Erfolgen an der oben erwähnten Kurischen Nehrung versucht. Da dort der Strandhafer nicht in genügender Menge gedeiht, so legte man, wie bei der Bildung der Vordünen, auf den Dünenflächen quadratische Zäunungen (von 4 m Seite) aus Kiefernreisern an, um hierdurch das Wandern der Düne zu verhindern. Diese Felder werden sodann mit Kiefernpflänzlingen bepflanzt und zwar an exponirten Stellen mit sogenannten Krüppelkiefern (*pinus inops, pinus montana*), an geschützten Flächen indess mit der gemeinen Kiefer (*p. silvestris*). Zur Beförderung des Wachsthums wird der Boden mit etwas Lehm untermengt und die jungen Pflanzen mit Reisig bedeckt. Jedoch sind die Herstellungskosten bei dieser neuen Methode ziemlich erheblich und zwar doppelt so gross wie bei der vorhin angegebenen. Die Festlegung einer Dünenfläche von 1 ha Grösse kostet nämlich etwa

1000 M., während zur Bepflanzung von 1 ha mit Strandhafer nur etwa 300 M. und zur spätern Anpflanzung von Kiefern pro ha nur etwa 200 M. erforderlich sind.

Ausführliche Abhandlungen über den Dünenbau finden sich in Hagen's „Handbuch der Wasserbaukunst" III Bd. 2 ferner in dem oben citirten Werke von Krause („Der Dünenbau auf den Ostseeküsten Westpreussens"), schliesslich Notizen über den Dünenbau auf der Kurischen Nehrung in der Abhandlung von L. Hagen: „Der Hafen zu Memel" 1884.

Nachdem wir uns noch des herrlichen Anblicks der im Scheine der untergehenden Abendsonne erglänzenden Ostsee erfreut hatten, stiegen wir zur Plehnendorfer Schleuse hinab und fuhren bei einbrechender Nacht mit dem dort bereit liegenden Dampfer „Mottlau" gen Danzig in unsere Quartiere zurück.

———

VIERTER TAG.
Seefahrt nach Rixhöft. *)

Θάλαττα! Θάλαττα!
(Xenophons Anab.)

Abfahrt. „Pfingsten, das liebliche Fest war gekommen" und begrüsste uns bereits am frühen Morgen mit dem sonnigsten Lächeln; klar und unbewölkt schaute der Himmel auf uns herab und liess uns durch bereitwilliges Spenden des schönsten Wetters einen der interessantesten Reisetage erleben. Um 6 Uhr bestiegen wir an der „Langenbrücke" das zwischen Danzig und Neufahrwasser coursirende Passagierdampfboot und landeten etwa $\frac{1}{2}$ Stunde darauf an bekannter Stelle in Neufahrwasser, um, von den dortigen Herren begrüsst, sofort auf den „Geheimrath Spittel" überzusteigen.

Das glänzend polirte und sauber gescheuerte Schiff, welches im Jahre 1876 als Raddampfer gebaut ist und eine Maschine von 70 nominellen Pferdekräften führt, machte den angenehmsten Eindruck, und mit Wohlbehagen nahmen wir Platz auf dem festlich geschmückten Deck, von welchem wir im Laufe des Tages die Schönheiten der Ostsee in reichstem Maasse bewundern sollten. Durch den Hafenkanal und zwischen den Molen ging es am Schauplatz des gestrigen Tages vorbei „hinaus in die wogende See!"

Markirung des Fahrwassers. Im Anschluss an die Molen ist das Fahrwasser in 6 m Tiefe beiderseits durch je eine Tonne mit Besen bezeichnet, von denen die eine, schwarz angestrichene, in der Verlängerung der Ostmole 550 m von deren Kopf, die andere, weissgestrichene, 650 m vom Kopf der Westmole entfernt liegt. Ausserdem ist vor der Hafenmündung auf 9 m Wassertiefe eine Seetonne verankert, welche aus einem eisernen Cylinder von 2,2 m Durchmesser besteht, der oben und unten von einem aus Eisenstäben zusammengesetzten Kegel ab-

---

*) Unter Benutzung einiger Mittheilungen des Herrn Reg.-Bauf. Jul. Berns.

geschlossen wird; das Ganze krönt eine ebenfalls aus Stäben gebildete Kugel.

Nach Westen hin dehnt sich die Putziger Wiek aus und bedeckt eine Fläche von ungefähr 350 qkm, welche durch die Halbinsel Hela im Norden, durch das Festland im Westen und Süden begrenzt wird und eine gegen die herrschenden Winde geschützte natürliche R h e d e bildet. Dieselbe hat eine Tiefe von 10 bis 60 m und einen reinen aus Sand und Thon bestehenden Ankergrund. Rhede von Danzig.
(Fig. 15.)

Wir nahmen unsern Cours auf die Helaer Spitze zu und wurden während der Fahrt, an welcher auch die Herren Navigationsschuldirector Beyer aus Danzig, Lootsen-Commandeur Schmidt und Vorsteher der metereologischen Station Lotes aus Neufahrwasser theilnahmen, mit den verschiedenen n a u t i s c h e n O p e r a t i o n e n, welche bei jeder grössern Seefahrt in Anwendung kommen, bekannt gemacht. Mittelst des Lothes wurde an verschiedenen Stellen die Seetiefe und mittelst des Patent-Logs die Geschwindigkeit des Schiffes gemessen. (Ueber die Construction und die Verwendung des Patent-Logs cfr. Deutsche Bauzeitung 1874 p. 155 u. p. 183.) Wir constatirten z. B. um $9^{1}/_{2}$ Uhr eine Schiffsgeschwindigkeit von 9 Knoten während des Ablaufens einer Sanduhr, d. h. 9 Seemeilen in der Stunde. Ferner wurden mit Hilfe des Compasses und des Sextanten seemännische „Peilungen" vorgenommen, Orts- und Zeitbestimmungen gemacht, sowie die ermittelten Courslinien in die Seekarte eingetragen. Nautische
Messungen.

Unter anderen wurde z. B. die Entfernung des Leuchtthurms von Hela von dem augenblicklichen Standpunkte des Schiffes in Seemeilen in der Weise ermittelt, dass zunächst der Winkel zwischen Leuchtthurmspitze und der Strandlinie im Wasserniveau ($2° 28' = 148'$) mittelst des Sextanten gemessen und dann, da die Höhe des Leuchtthurms über M.W. = 120 Fuss bekannt war, eine in der praktischen Nautik gebräuchliche Näherungsformel:

$$d \text{ (Distanz)} = \frac{7}{12} \cdot \frac{h \text{ (Höhe des Leuchtthurms)}}{M \text{ (Beobachteter Winkel in Minuten)}}$$

angewendet wurde. Man erhielt so rasch ohne Logarithmen u. s. w. die

$$\text{Distanz } d = \frac{7}{12} \cdot \frac{120}{148} = \text{rot. 0,5 Seemeile.}$$

Der genannte Leuchtthurm liegt auf der Spitze der Landzunge Hela und beleuchtet durch ein aus 6 Argand'schen Lampen mit parabolischen Hohlspiegeln bestehendes Drehfeuer den ganzen Horizont. Leuchtthurm von
Hela.

Drei Meilen nördlich steht der H e i s t e r n e s t e r Leuchtthurm, nach dem Dorfe gleichen Namens so benannt. Derselbe trägt einen Fresnel'schen Apparat IV. Ordnung, welcher sich 36,4 m über M. W. erhebt und Dreiviertel des Horizonts beleuchtet. Das Feuer ist ein festes weisses mit hellen Blinken von 10 Secunden Dauer, welche alle 2 Minuten erscheinen, und denen eine Verdunkelung von 10 Secunden voraufgeht und folgt. Leuchtthurm von
Heisternest.

In der Mitte zwischen beiden Leuchtthürmen liegt auf dem „Fed-derorter Riff", welches sich $^{1}/_{2}$ Seemeile weit in die See vorschiebt, bei etwa 20 m Wassertiefe eine automatische C o u r t e n a y'sche „Signalboje" (auch wohl „Heulboje" genannt), um die Schiffe während der Nacht vor der Annäherung an dieses Riff zu warnen. Dieselbe war hier erst vor Kurzem Courtenay'sche
Signalboje.

anstatt der bereits erwähnten Seetonne, welche an die Hafenmündung von Neufahrwasser translocirt wurde, angebracht, functionirte aber noch nicht in der gewünschten Weise. (Näheres über das Princip und die Construction dieser interessanten akustischen Boje findet sich im Centralbl. d. Bauverw. 1882 p. 379, Handb. d. Ing.-Wissensch. p. 1140, in den Annales des ponts et chaussées 1882 u. s. w.)

Landung in Rixhöft. Gegen Mittag erreichten wir den Strand von Rixhöft, welches 22 Seemeilen nordwestlich von der Spitze von Hela liegt. Hier erhebt sich dicht am Strande eine steile Anhöhe, auf welcher 2 Leuchtthürme und eine Nebelsignalstation errichtet sind. Die ganze, ziemlich flache Küste ist mit Granitgeschieben bedeckt, so dass ein Landen hierselbst bei ungünstiger Witterung unmöglich wird. Selbst bei dem ziemlich ruhigen Seegange, der unsere Fahrt begünstigte, war dieses mit Schwierigkeiten verknüpft. Wir stiegen vom Dampfschiff in die uns abholenden schwankenden Boote ein, die uns indess auch nicht ohne weiteres an's Trockne setzen konnten. Erst mit Hilfe unserer kräftigen, mit langen Wasserstiefeln ausgerüsteten Bootsleute, welche uns ihre breiten Schultern zur Verfügung stellten, gelang es uns, rittlings, (freilich nicht ohne manches Fussbad) das Festland zu gewinnen.

Um den Flugsand festzuhalten, sind regelmässige Dünenculturen angelegt, und zwar ist der Strand, wie bereits früher erwähnt, mit Strandhafer und Strandweizen angepflanzt, während der Abhang des Hügels mit *Leuchtthürme von* allerlei Gebüsch bedeckt ist. Die beiden erwähnten Leuchtthürme auf der *Rixhöft.* Höhe stehen in einer Entfernung von 195 m von einander und tragen jeder ein festes weisses Feuer, welches 70,3 m über dem Wasserspiegel liegt und 22 Seemeilen weit sichtbar ist. Der ältere der beiden Thürme ist bereits 1822 erbaut und führt seit 1866 einen katadioptrischen Apparat I. Ordnung (nach Fresnel), dessen genauere Construction aus dem Handb. d. Ing.-W. p. 1128 zu ersehen ist. Der zweite in Ziegeln ausgeführte Thurm, dessen Feuer seit dem 1. Januar 1875 brennt, ist hauptsächlich deshalb erbaut, damit die der Küste sich nähernden Seeschiffe diese Station von dem ebenfalls weissen festen Feuer zu Scholpin, welches 36 Seemeilen westlich von Rixhöft in Hinterpommern liegt, zu unterscheiden vermögen.

Brown'sche Nebel- In der Nähe des alten Leuchtthurms steht ausser dem Sturmsignal-*sirene in Rixhöft.* mast eine sehr interessante Nebelsignalstation. Dieselbe ist 1877 errichtet und enthält eine nach dem Princip von Brown Brothers in New-York construirte „Nebelsirene" 1. Klasse, welche durch eine calorische Maschine getrieben wird. Die ganze Anlage ist ausführlich in einem mit genauen Zeichnungen ausgestatteten Werke von Veitmeyer beschrieben; ausserdem finden sich nähere Mittheilungen im Wochenbl. f. Arch. und Ing. 1879 p. 257 sowie in der Zeitschr. f. Bauw. 1876 und im Wasserbau-Compendium p. 596. Interessante Versuche über Hörweite und Kennzeichnung der Nebelsignale sind von Allard im Juniheft (1883) der Annales des ponts et chaussées (cfr. Centralbl. der Bauverw. 1883 p. 379) mitgetheilt. Die Sirene wird bei eintretendem Nebelwetter sofort in Gang gesetzt und giebt in jeder Minute einen Ton von 5 Sec. Dauer von sich. Derselbe wird dadurch erzeugt, dass comprimirte Luft aus einer Oeffnung in bestimmten Intervallen ausgeblasen wird. Das Freigeben und Schliessen der Oeffnung geschieht durch eine rasch rotirende Scheibe, die mit gleich grossen und auch gleich weit von ihrer Welle entfernten Schlitzen wie die Ausflussöffnung der comprimirten Luft versehen ist. Da das Signal ein unterbrochenes, in regelmässigen Pausen wiederkehrendes sein soll, so ist eine ähnliche Vorrichtung wie der Schieber bei den Dampfcylindern angewendet, die zeitweise die comprimirte Luft von der Sirenenscheibe absperrt. Ein sprachrohrähnliches Schallrohr hält die Schallwellen noch eine Zeit lang zusammen und lässt dieselben alsdann verstärkt in die äussere Luft dringen.

Während die Küsten Amerikas und Englands schon lange derartige Brown'sche Nebelsirenen besassen, wurde bei uns die erste Sirene 1875 zu Bülk in der Kieler Bucht eingerichtet, die sich indess von der vorliegenden Construction dadurch unterscheidet, dass nicht comprimirte Luft, sondern Dampf zur Erzeugung des Tones verwendet wird. (cfr. Zeitschr. f. Bauw. 1876.)

Neben dem Studium dieser unter Führung des Herrn Hafenbauinspector Kummer besichtigten ausserordentlich interessanten technischen Anlagen wurde es jedoch auch nicht versäumt, das herrliche landschaftliche Bild, welches sich vor den Blicken des Beschauers auf der Gallerie des Leuchtthurms entrollt, in vollen Zügen zu geniessen. Zu unsern Füssen in den Bäumen und Gebüschen das erste frische Frühlingsgrün, vor uns in unabsehbarer Ferne die hin und wieder von einem weissen Segel belebte, leicht gekräuselte, azurene Ostsee, über uns der blaue, sonnenklare Himmel — das war eine Landschaft, die so recht geeignet war, unser Gemüth in eine festliche Pfingststimmung zu versetzen, eine Stimmung, wie sie den Dichter beherrscht haben mag, als ihn der Anblick der See zu der herrlichen Apostrophe begeisterte:

  „Sei mir gegrüsst du ewiges Meer!
  „Wie Sprache der Heimath rauscht mir dein Wasser,
  „Wie Träume der Jugend seh' ich es flimmern
  „Auf deinem wogenden Wellengebiet.

  „Mir ist, als sass ich winterbange
  „Ein Kranker in dunkler Krankenstube,
  „Und nun verlass ich sie plötzlich —
  „Und blendend strahlt mir entgegen
  „Der smaragdene Frühling, der sonnengeweckte,
  „Und es rauschen die weissen Blüthenbäume,
  „Und die jungen Blumen schauen mich an
  „Mit bunten, duftenden Augen;
  „Und es duftet und summt und athmet und lacht
  „Und am blauen Himmel singen die Vög'lein —
  „Thalatta! Thalatta!"

— Und so gab man sich denn auch bei der Rückfahrt auf dem Dampfer in ungezwungener Weise — der eine seinen stillen Träumereien — der andere dem Frohsinn und der Geselligkeit hin.

Gegen 6 Uhr landeten wir in Zoppot, wo bereits einige Badegäste und zahlreiche Ausflügler von Danzig eingetroffen waren. Da Zoppot ein beliebtes und vielbesuchtes Seebad ist, so wurde 1879 ein neues grosses

Kurhaus gebaut. Dasselbe wurde von Schwatlo als Fachwerksbau projectirt und im Innern wie im Aeussern auf das gefälligste und comfortabelste ausgestattet. (cfr. Wochenbl. f. Arch. u. Ing. 1881 p. 370.)

Leider gestattete es der für unsere Wünsche schlecht eingerichtete Eisenbahnfahrplan nicht, den beabsichtigten Ausflug nach dem berühmten Kloster Oliva, welches an der Eisenbahn zwischen Zoppot und Danzig liegt, auszuführen, und so suchten wir uns durch eine Excursion in Zoppot's hübsche Umgebung zu entschädigen. Noch einmal liessen wir von einer benachbarten Anhöhe die Blicke über die schöne Danziger Bucht schweifen und sahen im Vollgenusse der heutigen Erlebnisse auf den von uns zurückgelegten weiten Seeweg zurück, — und dann ging's nach Danzig zurück! Auf dem Wege vom Bahnhof zur Stadt passirten wir das „Hohe Thor", nach Kugler (Geschichte der Baukunst III.) das grossartigste Thor der Renaissancezeit. Dasselbe ist 1588 in Form eines römischen Triumphbogens mit dorischen Pilastern aus Sandstein in strenger Rustica erbaut. Leider wird das imponirende gewaltige Bauwerk durch die in seiner Umgebung stattfindenden fortificatorischen Umbauten in seinem Aussehen sehr beeinträchtigt.

Hohes Thor in Danzig.

FÜNFTER TAG.
Dirschau, Bereisung der Weichsel und Nogat, Schloss zu Marienburg.

„Denn die Elemente hassen
Das Gebild von Menschenhand."
Schiller („Die Glocke").

Abfahrt von Danzig. Leider mussten wir das trauliche Danzig schon verlassen; das unerbittliche Reiseprogramm forderte eben seine Rechte. Als wir zum letzten Male die gastliche Stadt mit ihren hochragenden Thürmen sahen, sandten wir noch im Geiste einen dankenden Gruss den freundlichen Herren zu, die mit Aufopferung ihrer Zeit in so bereitwilliger Weise unsere Führer gewesen waren. Dann dampften wir mit dem $7^1/_2$ Uhr Morgens vom Bahnhof Legethor abgehenden Zuge in Gesellschaft des Herrn Regierungs- und Baurath Naumann nach Dirschau ab. Während der Fahrt wurden wir auf verschiedene interessante Bahnhofsanlagen der Ostbahn aufmerksam gemacht, so z. B auf den eben erwähnten Bahnhof Legethor in Danzig und namentlich auf den im Laufe der Zeit vielen Umbauten unterworfenen Bahnhof Dirschau.

Bahnhof Dirschau. Als wir hier anlangten, sahen wir uns zunächst das in seiner Grundrissform dem Keilbahnhofe entsprechend disponirte grosse Empfangsgebäude an und besichtigten besonders in den Telegraphenbureaus die neu aufgestellten Centralweichenstellapparate. Bezüglich der Bahnhofs-Anlage verweisen wir auf die ausführlichen Mittheilungen und Zeichnungen in der Zeitschr. f. Bauwesen 1859 p. 285 und 1862 p. 871.

Sodann begaben wir uns zu jenem Bauwerke, welches s. Z. für die deutsche Brückenbaukunst epochemachend war, nämlich zur grossen Dirschauer Weichselbrücke, welche wenige Schritte hinter dem Bahnhofsgebäude liegt und deren architektonisch ausgebildetes, imposantes Portal schon auf die Wichtigkeit des dahinter liegenden gewaltigen Bauwerks schliessen lässt. Das Portal enthält im oberen Felde ein von Bläser modellirtes Relief, welches Friedrich Wilhelm IV. mit seinem Gefolge darstellt, wie er von den lebenstreu porträtirten Erbauern der Brücke und festlich geschmückten Landleuten empfangen wird. Zwei darunter befindliche Figuren — die sinnende Theorie und die ausführende Praxis — füllen die Zwickel an dem gothischen Portalbogen aus. Das Relief auf der anderen, Marienburg zugewendeten Seite stellt Winrich von Kniprode als Begründer der Cultur im alten Ordenslande dar.

Dirschauer Weichsel-Brücke.
(Fig. 77.)

Wenn auch die Principien, nach welchen diese, sowie auch die gleichzeitig erbaute Nogat-Brücke bei Marienburg construirt wurden, vom Standpunkte der heutigen Technik betrachtet, nicht mehr unsere Billigung finden, so gebührt doch dem Muthe und der Energie des Mannes, der mit den technischen Erfahrungen seiner Zeit ein solches Werk schuf und die bis dahin bezweifelte Möglichkeit der Ueberbrückung unserer grossen Ströme mit festen eisernen Brücken eclatant bewies, unsere grösste Bewunderung. Der Schöpfer dieser beiden in den Jahren 1850 bis 1857 erbauten Brücken ist der am 23. Juni 1883 verstorbene Geh. Ober-Baurath Karl Lentze. Dieselben dienen in erster Linie für den Eisenbahn-Verkehr der Königlichen Ostbahn und sind ausserdem für den Strassenverkehr eingerichtet.

Eine Commission von Sachverständigen, welche beim Bau der Ostbahn die damaligen misslichen Verhältnisse der Weichsel zu beurtheilen hatte, beschloss, dass durch die Coupirung der Nogat an der Montauer Spitze und die Anlage eines Kanals daselbst (vergl. „Pieckler Kanal") $\frac{1}{3}$ der Wassermenge der ungetheilten Weichsel der Nogat zugeführt werden solle, so dass also der eigentlichen Weichsel noch $\frac{2}{3}$ verblieben. Dieser Beschluss war bestimmend für die Gesammtöffnung beider Brücken, und so ergab sich die Länge der Dirschauer Brücke zu 837,22 m. Die Brücke besteht aus 6 Oeffnungen à 121,13 m, von denen je 2 durch einen continuirlichen Gitterträger von 11,75 m Höhe überspannt sind. Sie stützt sich daher nur bei dem ersten, dritten und fünften Pfeiler auf feste Lager, während die andern Pfeiler eine Rollenlager-Construction besitzen. Der Querschnitt der Brücke geht aus der Skizze Fig. 77 hervor; besonders beachtenswerth sind daran die staffelförmigen Gurtungen, welche durch 53 Quergitter mit einander verbunden sind. Das System des Netzwerks ist dreissigfach, die Gitterstäbe sind $\frac{13}{13}$ cm resp. $\frac{10}{13}$ cm stark; die Maschenweite beträgt 63 cm. Zum Aussteifen des Gitterwerks sind vertikale Eisenschienen angebracht, welche die Form einer in der Längsaxe getheilten Vignole-Schiene haben.

Die Brückenbahn führt in der Mitte ein Eisenbahngeleise und zu jeder Seite eine einspurige Bahn für gewöhnliches Fuhrwerk. Eine Trennung der 3 Bahnen durch Scheidewände ist nicht vorgenommen, da der Fuhr-

---

*) Unter Benutzung einiger Mittheilungen des Herrn Reg.-Bauf. Krause.

werksverkehr nur gering ist, so dass die Wagen den Uebergang der Eisenbahnzüge abwarten können.

Die Fusswege, 1,23 m breit, sind dagegen ausserhalb der Brückenträger auf Consolen angebracht und können daher ununterbrochen benutzt werden. Auf den Pfeilern sind sie um die Thürme herumgeführt, welche zur Anlehnung der Gitterträger errichtet sind, um seitliche Schwankungen derselben zu verhindern. Die Unterkante der Brücke liegt 3,77 m über H. W. und 8,16 m über dem höchsten schiffbaren Wasserstande, so dass also noch hochbeladene Fahrzeuge sowie Dampfer mit etwas geneigtem Schornstein durchfahren können. Für die bemasteten Schiffe sind aufwärts und abwärts Krahne errichtet, mittelst derer die Schiffer die Masten ausheben und wieder einsetzen können. Die Herstellungskosten der Brücke haben rot. 9 Millionen Mark betragen. Eine nähere Beschreibung der ganzen Anlage befindet sich in der Zeitschr. f. Bauw. 1855 p. 445 sowie in Heinzerling, „Eiserne Brücken“ p. 273.

Nachdem wir von den Zinnen des einen der beiden, das Portal flankirenden Thürme einen Ueberblick über das colossale Bauwerk und die ganze Umgegend gewonnen hatten und nachdem wir schliesslich auch noch in das aus Kasematten bestehende, für eine Vertheidigung in Kriegszeiten eingerichtete, überwölbte Souterrain hinabgestiegen waren, um dort die Auflager-Constructionen des eisernen Ueberbaues uns anzusehen, begaben wir uns an Bord des fiscalischen Raddampfers „Baurath Gersdorff“, um sowohl durch eine Bereisung als auch mit Hilfe der vielen ausgelegten Pläne und Zeichnungen einen Einblick in die interessanten Stromverhältnisse der Weichsel und Nogat zu gewinnen.

Bevor wir indess die bereisten Strecken schildern, sei es gestattet, in knappen Zügen ein allgemeines Bild von der Weichsel zu entwerfen.

Beschreibung der Weichsel. Geographische Verhältnisse. Dieselbe entspringt in 3 Quellflüssen, der schwarzen, kleinen und weissen Weichsel an der Nordseite der Beskiden in einer Höhe von etwa 650 m über dem Ostseespiegel unter $49^2/_3°$ nördlicher Breite und $36^2/_3°$ östlicher Länge. Nur in ihrem ersten kurzen Laufe von 50 bis 60 km Länge charakterisirt sie sich als Gebirgsfluss, tritt sodann an der österreichisch-preussischen Grenze in das polnisch-galizische Plateau ein, wo sie an Krakau vorbeifliesst, wendet sich dann von der Mündung des San, das vorliegende Hügelland durchbrechend, gegen Norden und durchfliesst von der Einmündung der Wiprz die weite polnische Tiefebene, woselbst auch Warschau berührt wird. Unterhalb des Einflusses des Bug, von wo der Strom eine fast westliche Richtung einschlägt, treten die Ufer allmählich steil und hoch an die Weichsel heran, und diese durchbricht oberhalb Fordon in nahezu nördlicher Richtung den preussischen Höhenzug in einem breiten eingedeichten Thale, das sich bei der Montauer Spitze erweitert. Hier findet die erste Stromtheilung statt, indem sich die Nogat nach N.W. abzweigt und ins Frische Haff mündet, während die Weichsel nach N. fliesst bis zur zweiten Stromtheilung am sog. „Danziger Haupt“. Bei dieser zweiten Stromtheilung zweigt sich der eine sehr versandete Arm, die „Elbinger Weichsel“ ostwärts ab, um in vielen Rinnen ebenfalls ins Frische Haff sich zu ergiessen; der andere Arm, die „Danziger Weichsel“, mündet, wie bereits oben näher ausgeführt, seit 1840 nordwestlich sich wendend, bei Neufähr unter 54$^1/_2$° nördlicher Breite und 36$^1/_2$° östlicher Länge in die Ostsee, während die Danziger „Todte Weichsel" erst bei Neufahrwasser die See erreicht.

Der bezeichnete Stromlauf erstreckt sich demnach über etwa 4$^2/_3$ Breitegrade und hat eine Gesammtlänge von 1050 km, wovon auf die untere preussische Strecke 236,5 km entfallen.

Das Flussgebiet der Weichsel oberhalb der ersten Theilung beträgt rot. 174 000 qkm, während der Rhein ein Gesammt-Niederschlagsgebiet von 215 000 qkm und nach Abzug des Deltagebietes nur ein solches von 165 000 qkm besitzt. (Elbe — 146 000, Oder — 74 000 qkm). Die Weichsel ist also unter den Strömen der norddeutschen Tiefebene wenn auch nicht der absolut grösste, so doch derjenige, der die Abflüsse des grössten Niederschlagsgebiets in einem einheitlichen Bette vereinigt. Hydrographische Verhältnisse.

Bei keinem Strome, dessen Niederungen eingedeicht sind, sind die Gefahren bei Eisgängen so gross, wie bei der Weichsel, während die eisfreien Hochfluthen wegen der grossen Höhe und Stärke aller Deiche kaum zu irgend welchen Befürchtungen Veranlassung geben. Die fast alljährlich drohenden Eisgefahren liegen theils in der immer noch mangelhaften Regulirung des Hochwasser-Profils, theils in dem ausserordentlich raschen Eintreten des Hochwassers. In dem nordöstlich gelegenen Quellgebiet ist im Winter die Kälte sehr intensiv, mithin auch die Eisbildung; andrerseits ist der Temperaturwechsel so schroff, dass z. B. im Frühjahr die rasche Schneeschmelze im oberen Stromgebiet grosse Hochfluth erzeugt, während auf der untern Weichsel die Eisdecke noch so stark ist, dass sie von dem anströmenden Wasser nicht gebrochen und fortgeschoben werden kann.

Das Gefälle des eisfreien Stromes beträgt von der polnischen Grenze bis zur Montauer Spitze durchschnittlich 209 mm pro Kilometer, also rund 1 : 5000. In der ganzen Danziger Weichsel von Pieckel bis zur Ostsee beträgt das Gefälle im Durchschnitt 133 mm pro Kilometer bei M. W. (rot. 1 : 7500) und 225 mm bei H. W. (also rot. 1 : 4400), während in der Nogat von Pieckel bis zur Mündung durchschnittlich ein Gefälle von 124 mm pro Kilometer (rot. 1 : 8000) bei M. W. und 210 mm pro Kilometer (also rot. 1 : 4800) bei H. W. herrscht.

Die mittlere Geschwindigkeit der ungetheilten Weichsel im Stromstrich ist bei N. W. zu 0,78—0,94 m pro Secunde ermittelt worden, bei höheren Wasserständen zu etwa 1,7 m pro Secunde. Die grösste Wassermenge bei eisfreiem Strome und bei einem Wasserstande von + 7,10 m am Pegel zu Montauer Spitze (also bei höchstem bekannten Wasserstande) betrug 7883 cbm, die Wassermenge bei M. W. (bei + 1,5 m an demselben Pegel) 1078 cbm und beim kleinsten Wasserstande 200 cbm pro Secunde. Das H. W. verhält sich also zum N. W. wie rot 30$^1/_3$ zu 1 und zum M. W. wie 7$^1/_3$ zu 1 und das M. W. zum N. W. wie 4$^1/_6$ zu 1.

Bezüglich des Schifffahrts- und Flösserei-Verkehrs mag bemerkt werden, dass im Jahre 1878 die Plehnendorfer Schleuse passirt haben: Schifffahrts-Verkehr.

10 393 Segelschiffe und Kähne,

2 405 Dampfschiffe und

1 318 Holztraften.

Ein grösseres Segelschiff (sog. Weichselkahn) ist 50 m lang, 5,6 m breit, hat bis 1,47 m Tiefgang und eine Ladefähigkeit von 150 t, die Holztraften sind i. m. 150 m lang, 18,8 m breit, also 2820 qm gross und tauchen, wenn sie mit Getreide oder andern Gütern beladen sind, bis 0,8 m tief ein. (cfr. „Denkschrift, betreff. die Regulirung der Weichsel" etc. 1879.)

Weichsel-
Regulirung.

Der Schiffsverkehr, namentlich der Dampfschifffahrts-Verkehr, hat sich mit dem Fortgang der Regulirungsarbeiten bis jetzt zusehends gesteigert. Die erforderliche Minimal-Fahrwassertiefe ergiebt sich nach Maassgabe der Eintauchungstiefe bei voller Ladung der Weichselkähne zu $1{,}47 + 0{,}2 = 1{,}67$ m. Zur Zeit ist indessen die erzielte Fahrtiefe fast überall noch geringer, so dass es noch einer weitern Vertiefung des Strombettes durch Regulirungswerke bedarf, wenn nicht der Schifffahrts- und Flösserei-Betrieb bei niedrigen Wasserständen erheblich beeinträchtigt werden soll. — Die nach einem im Jahre 1879 ausgearbeiteten Projecte von Regulirungswerken von der preussischen Grenze bis zur Montauer Spitze erforderlichen Anlagekosten sind auf $8^{1}/_{2}$ Millionen Mark bei einer Bauzeit von 14 Jahren berechnet, ohne dass hierbei etwa die eventuellen Kosten des noch schwebenden Projectes einer Regulirung der Weichsel-Mündungen mit in Anschlag gebracht worden wären. Wegen der klimatischen Verhältnisse und wegen der häufig eintretenden höheren Sommerwasserstände wurde für 1 Baujahr eine Arbeitszeit von nur durchschnittlich 155 Tagen angenommen.

Was nun die für die Stromregulirungs-Arbeiten der Weichsel maassgebenden Normalbreiten betrifft, so wurde auf Grund des Severin'schen Planes aus dem Jahre 1829 die Normalbreite des Mittel-Wasser-Profils: für den ungetheilten Strom oberhalb Pieckel auf rot. 375 m und unterhalb der Theilung für die Nogat auf 125 m, für die getheilte Weichsel auf 250 m festgestellt. Für das Hoch-Wasser-Profil wurden gelegentlich des Baues der Brücken bei Dirschau und Marienburg folgende Breiten normirt: für die ungetheilte Weichsel rot. 1125 m, für die getheilte Weichsel 750 m und für die Nogat 375 m.

Das angegebene Mittelwasser-Profil für die schiffbare Weichsel ist von der Montauer Spitze bis zur Mündung im Wesentlichen ausgebaut, ebenso theilweise für die Nogat (bis oberhalb Jonasdorf). Hingegen ist der Ausbau des Hochwasser-Profils bis jetzt wegen der enormen Kosten noch nicht in Angriff genommen worden.

Es dürfte vielleicht von Interesse sein, wenn im Folgenden noch einiges über den Stand der Regulirungsarbeiten von Krakau bis zur Montauer Spitze mitgetheilt wird (cfr. Techn. Zeitschr. des Westpreuss. Arch.- und Ing.-Vereins 1881 p. 21).

Regulirung auf
ausserpreussischem
Gebiet.

a) Von Krakau bis Morgi (Strecke von 35 Meilen Länge auf österreichischem Gebiet) ist die projectirte Regulirung, die in der Anlage von Buhnen (für die convexen Ufer) und Parallelwerken nebst Deckwerken (für die concaven Ufer) besteht, nahezu vollendet. Zum Schutze der Niederungen sind von den Bewohnern hochwasserfreie Deiche angelegt und zwar nach und nach, je nachdem sich das Bedürfniss hierfür herausstellte.

b) Von Morgi bis Jawichast (24 Meilen) bildet die Mitte des Stromes die Grenze zwischen Oesterreich und Russland, und es wurde daher für diese Strecke von beiden Uferstaaten im Jahre 1864 ein Regulirungsproject ausgearbeitet, das indess einstweilen noch in sehr unvollkommener Weise zur Ausführung gelangt ist. Grössere, durchweg regulirte Strecken existiren hier noch nicht; trotzdem ist schon eine ziemlich geregelte Schifffahrtstiefe erzielt und zwar in Folge der bereits ausgeführten, den starken Stromkrümmungen entsprechenden Parallel- und Deckwerks-Anlagen. Die Minimal-Fahrwassertiefe wurde auf 1,0 m unter dem niedrigsten Wasserstande normirt bei einer Profilbreite von 400 bis 420 m zwischen den Regulirungswerken. Die Hochwasserdeiche sind indess bereits früher ziemlich regelmässig angelegt worden.

c) Auf der von Jawichast bis zur preussischen Grenze (55 Meilen) reichenden russischen Strecke war bis 1880 von einer eigentlichen Stromregulirung, wenn man von einigen planlosen Uferschutzwerken absieht, kaum die Rede. Dann wurde indess von Russland ein specielles Project aufgestellt und von den Delegirten der Weichselufer-Staaten (Preussen und Oesterreich) in einer zu Ende 1880 in Warschau stattgefundenen Conferenz als richtig und zweckmässig anerkannt. Da auch auf dieser Strecke starke Krümmungen vorkommen, so wurden ebenfalls für die concaven Ufer Parallelwerke, für die convexen jedoch Buhnenanlagen vorgesehen. Bei einer auf 1,25 m festgesetzten Minimaltiefe bei niedrigstem Wasserstande soll die Profilbreite bei M. W. 320 m betragen und bis zur preussischen Grenze auf rot. 363 m zunehmen, während für H. W. eine von 760 bis 780 m auf 1109 m zunehmende Breite festgestellt wurde. Die Kosten sind zu 14 Millionen Mark veranschlagt (pro Meile etwa 255 000 Mark erfahrungsgemäss).

d) Von der russischen Grenze bis zur Montauer Spitze (23 Meilen), also auf preussischem Gebiet, sind bis jetzt etwa 10 bis 11 Meilen in einzelnen Strecken regulirt worden. Die bisher ausgeführten Regulirungswerke haben bereits die Wirkung gehabt, dass sich in noch nicht ausgebauten Strecken die frühere Minimal-Fahrwassertiefe von 0,5 m bei niedrigstem Wasserstande auf 0,8 m verbessert hat, während im regulirten Strome bereits eine durchschnittliche Tiefe von 1,25 m vorhanden ist. Die angelegten Werke haben überhaupt vorzüglich auf die ganzen Stromverhältnisse eingewirkt.

Regulirung auf preussischem Gebiet.

Eigenthümlich ist die Thatsache, dass auf der doch so langen Weichselstrecke weder auf russischem noch auf österreichischem Gebiete Häfen vorhanden sind, während in Preussen an der ungetheilten Weichsel allein 4 grosse Sicherheitshäfen für Handelsschiffe (bei Thorn, an der Brahe, bei Graudenz und bei Kurzebraack), sowie 5 kleinere Winterhäfen für die Stromfahrzeuge der Wasserbau-Verwaltung eingerichtet sind.

Hafen-Anlagen an der Weichsel.

— Nach dieser Digression, die wir zum bessern Verständniss der Weichsel-Verhältnisse für nöthig hielten, kehren wir zu unserm Bereisungsdampfer in Dirschau zurück.

Der Wasserstand am dortigen Pegel war + 3,54 m, also 0,80 m höher als der mittlere Jahreswasserstand. Leider war daher von den gesammten Regulirungswerken sowohl der Weichsel, wie auch der Nogat, nichts zu sehen, da die Buhnenköpfe und die Vorderkanten der Deckwerke auf M. W.-Höhe liegen, die Buhnenwurzeln aber sämmtlich genau 0,60 m höher angelegt sind, als die Köpfe.

Bereisung der Weichsel von Dirschau bis Montauer Spitze. *(Fig. 78.)*

Wie wir aus den uns vorgelegten Plänen und Karten ersahen, ist die bereiste Stromstrecke auf beiden Seiten durch Buhnen und Deckwerke ausgebaut. Das linke Ufer bis zu den Pelpliner Fischbuden oberhalb Schlanz zieht sich bald hart an den Kniebau-Gerdiener Bergen entlang, bald tritt es dort, wo Vorlandcomplexe sich gebildet haben, mehr hervor. An den genannten Fischbuden, woselbst sich auch die Entwässerungswerke befinden, beginnt die Falkenauer Niederung, die 15 km lang und 3,7 bis 4,7 km breit, eine von Deichen umhegte Fläche von 4368 ha repräsentirt. Hier erst bildet auch der weit zurücktretende Deich das eine Hochwasserufer, und zwischen Deich und Weichselufer erstrecken sich die sog „Kampen", die stromseitig mit Weiden bestanden sind und dahinter geackert werden. Auf dem rechten Ufer liegen ebenfalls derartige Kampen, die gegen den grossen Marienburger Werder durch einen langen Deichtractus abgeschlossen werden. Auf den andern Seiten wird diese grosse, durch Fruchtbarkeit ausgezeichnete Niederung von 178,7 qkm (rot. 10 Quadratmeilen) Fläche von der Nogat und dem Frischen Haff begrenzt und mit Hilfe von 11 Dampfmaschinen (von 240 HP) und 91 Windmühlen entwässert.

Abzweigung der
Nogat.
(Fig. 78.)

Wir fuhren an Pieckel, woselbst sich jetzt die Nogat von der ungetheilten Weichsel mittelst des Weichsel-Nogat-Kanals (auch „Pieckler Kanal" genannt) abzweigt, vorbei bis zur Montauer Spitze, der ursprünglichen, jetzt aber coupirten Stromspaltungsstelle. Hier stiegen wir aus und besichtigten die in den letzten Jahrzehnten dort angelegten Deiche und Nogat-Coupirungen, sowie das sog. „Grosse Siel".

Manche sind der Ansicht, dass die Nogat in prähistorischer Zeit ein selbstständiger Niederungsfluss gewesen, dessen einstiges Bett noch in dem jetzigen Flüsschen Liebe zu erkennen sei; dieselbe habe früher gar keine directe Verbindung mit der Weichsel gehabt und habe nur bei Hochwasser in Folge der Inundation Weichselwasser erhalten. Wie dem auch sei, so viel steht jedenfalls nach alten Chroniken und Karten fest, dass die Nogat sich schon früher oberhalb des Dorfes Weissenberg in schmaler Rinne von der Weichsel abzweigte. Jedoch später wurde daraus in Folge vieler Hochfluthen, welche die unbedeutende Rinne gewaltsam erweiterten, ein gefahrdrohender Wasserlauf. Die Nogat floss einstmals durch das Territorium der Stadt Elbing und mündete in den Elbing-Fluss. Dieselbe wurde aber, da sie dem letztern enorme Sandmassen zuführte, 1483 coupirt, mit der bei Zeyer vorbeifliessenden „Weissen Lache" verbunden und so ins Frische Haff geführt.

Statt dessen stellte Elbing nicht lange nachher durch den Bau des Kraffohl-Canals eine andere Verbindung des Elbing-Flusses mit der Nogat her.

Nachdem die auf Elbing eifersüchtigen Danziger 1506 einen vergeblichen Versuch gemacht hatten, unterhalb aus der Nogat mittelst eines Durchstichs Wasser in die Weichsel zu leiten, befahl 1554 Sigismund August auf Betreiben der Elbinger, dass die Kampe zwischen Nogat und Weichsel am sogenannten Mägdeloch durchstochen werden solle. Der Durchstich erhielt eine Breite von 7,5 m, das Profil erweiterte sich aber immer mehr, so dass es bis zum Jahre 1590 bis auf nahezu 400 m Breite angewachsen war, während die alte Abzweigung versandete. Die Weichsel verlor immer mehr an Schiffbarkeit, während die Nogat die Niederungen mit Hochwasser und Eisgang bedrohte. Als die Beschwerden hierüber sich häuften, setzte eine vom polnischen Reichstage berufene Commission fest, dass bei gewöhnlichen Wasserständen $^1/_3$ der Wassermenge des ungetheilten Stromes in der Nogat und $^2/_3$ in der Weichsel Abfluss finden sollten. Das war indess leichter decretirt, als ausgeführt! Denn trotz aller dahin zielenden Arbeiten (wie z. B. künstlichen Verengungen der Nogat an der Abzweigungsstelle, Einbauen von Pfahlwerken etc.) konnte es nicht verhindert werden, dass die Weichsel immer mehr verflachte und die Nogat sich auf Kosten der Weichsel vergrösserte. Diese Verhältnisse scheint Friedrich d. Gr. aus politischen Gründen noch durch weitern Ausbau begünstigt zu haben, um nämlich den Handel des damals noch polnischen Danzig der preussischen Stadt Elbing zuzuwenden.

Erst als das Project der Königlichen Ostbahn Sicherheit für seine Bahn-Anlagen und Brücken forderte, entschloss man sich, die misslichen Stromverhältnisse in durchgreifender Weise zu reguliren. Eine zu diesem Zwecke im Jahre 1844 nach Marienburg zusammenberufene Techniker-Conferenz stellte nun nicht bloss die Bedingung der bereits erwähnten Wasservertheilung ($^1/_3$ für die Nogat und $^2/_3$ für die Weichsel) auf, sondern gab auch in präciser Weise die hierzu erforderlichen Mittel an. Sie beschloss nämlich:

Principien der
Regulirungsarbeiten
an der Strom-
spaltungsstelle.
(Fig. 78.)

1) Den Ausfluss der Nogat etwa 4 km unterhalb der alten Theilungsspitze aus der Concaven in die Convexe zu verlegen, die Kanalsohle zu befestigen und das Hochwasserprofil durch entsprechend hohe Deiche einzuschränken; als maassgebend für den Querschnitt dieses neuen Weichsel-Nogat-Kanals wurde das kleinste Fluthprofil der Nogat bei Marienburg bezeichnet.

2) Die alte Abzweigung der Nogat durch 3 Coupirungen zu verschliessen und zwar bei der alten Theilungsspitze, dann bei Montauer Spitze und schliesslich beim Judenberge. (Siehe die beiliegende Weichselkarte Fig. 78.) Die erstere wurde als Hochwasser-Coupirung Nr. I an die Deiche der Marienwerder Niederung angeschlossen; die zweite bei Montauer Spitze ist ebenfalls eine Hochwasser-Coupirung und hat den Zweck, zu verhüten, dass einerseits bei einem Deichbruch in der letztgenannten Niederung die Hochfluthen und Eismassen der Weichsel in die Nogat strömen, und dass andrerseits der Rückstau der Nogat bei H W. in diese Niederung eindringe. Zu dem Ende ist in dieser Coupirung Nr. II ein Siel angelegt, das stromaufwärts mit Schützen versehen ist, um in geöffnetem Zustande die sog. alte Nogat mit dem Flüsschen Liebe und den sämmtlichen Niederschlägen der Marienwerder Niederung zunächst in die todte und sodann in die eigentliche Nogat vermittelst des sog. Usnitz-Vorfluthgrabens durchzulassen und um in geschlossenem Zustande, wie schon gesagt, bei einem event. oberhalb erfolgenden Deichbruch die Nogat zu schützen. Die in dem Siel stromabwärts angebrachten Anschlagsthore sollen im Falle eines starken Rückstaues aus der Nogat die beiden je 3,77 m breiten und vom Drempel bis zum Gewölbescheitel 5,96 m (bis zu den Kämpfern 4,08 m) hohen Durchflussöffnungen schliessen. Die Coupirung Nr. III bei Judenberg schneidet in ihrer Krone mit dem mittleren Sommerwasserstande ab und hat eine

Oeffnung, welche der durch das Siel kommenden Wassermenge den Abfluss gestattet.

3) Die Communicationsdeiche sowie auch die Weichsel- und Nogat-Deiche auf die normalisirte Höhe und Stärke zu bringen.

Nach diesen Vorschlägen der Marienburger Techniker-Conferenz wurden denn auch die grossartigen Arbeiten an der Montauer Spitze mit einem Kostenaufwande von nahezu 12 Millionen Mark ausgeführt und 1855 vollendet. Und wenn dieselben auch die Eisgangsgefahren für die Anwohner der Weichsel und Nogat nicht gänzlich beseitigt haben, wie der Deichbruch bei Gr. Montau im Jahre 1855 beweist, so ist doch der willkürlichen Stromtheilung und der daraus naturgemäss entstehenden Verwilderung beider Ströme ein Ziel gesetzt. Auch die Ostbahn hat seit ihrer Eröffnung keine Betriebsstörung durch die Ströme erlitten.

Die an der Montauer Spitze von uns besichtigten Deiche, welche durchweg das Profil der Fig. 79 haben, liegen mit ihrer Krone auf 11,50 m über dem Nullpunkt des dortigen Pegels, der wie auch die übrigen Hochwasser-Pegel der Weichsel sich der schrägen Uferlinie anschmiegen (liegende Pegel im Gegensatze zu den vertical stehenden Mittelwasser-Pegeln). Die Weichsel erreichte hier in Folge der grossen Eisversetzungen im Jahre 1855 ihr absolutes Maximum mit $+ 9{,}26$ m, während der bis dahin bekannte höchste Wasserstand $+ 7{,}56$ m betrug.

Das bereits erwähnte „Grosse Siel" ist ein massives und 1852 auf Pfahlrost erbaut. In Folge der nothwendigen Deicherhöhungen wurde dasselbe 1879 verstärkt und zum Theil umgebaut.

Eisbrecher bei Pieckel.

Von der Montauer Spitze fuhren wir nach Pieckel zurück und besichtigten dort die Modelle zu den 16 kleinen und 10 grossen Eisbrechern, welche in je rot. 12 m Entfernung von einander in der Einmündung des neuen Kanals aufgestellt wurden, um die aus der Weichsel antreibenden Eisschollen abzuhalten resp. zu zerkleinern. Jeder der Eisbrecher bestand aus 3 gut verstrebten, vorn mit Eisenplatten armirten Pfahlreihen. Vor und hinter den Eisbrechern wurden in etwa 60 m Entfernung von einander Spundwände quer durch den Kanal gerammt, und der Zwischenraum durch starke Pflasterung auf Faschinenbettung gesichert. Trotz der sorgfältigsten Anlage wurden indess die Eisbrecher später vom Eise zerstört und sind jetzt bis zu einem sehr niedrigen Wasserstande ganz abgeschnitten worden.

Grundschwellen im „Pieckler Canal".

Die Sohle des Weichsel-Nogat-Kanals ist durch 19 Grundschwellen, sog. „Durchlagen", welche fast alle eine Breite von 20 m haben, befestigt. Dieselben bestehen aus Sinkstücken und starken Steinschüttungen und haben sich vortrefflich bewährt.

Bereisung der Nogat von Pieckel bis Marienburg.

Nach kurzer Mittagsrast in Pieckel bestiegen wir wieder unsern Dampfer, um nunmehr durch eine Bereisung auch die Nogat kennen zu lernen. Dieselbe wird links von dem Deich des grossen Marienburger Werders abgeschlossen (siehe das Deichprofil in Fig. 80) und rechts von einem hübschen Höhenzuge begrenzt, der zuweilen von sog. „Parowa's" (Thalschluchten) unterbrochen wird. Am linken Ufer sieht man in angenehmer Unterbrechung die Kirchthürme und höher gelegene Bauernhäuser der Ortschaften Wernersdorf und Schönau malerisch über die Deichkrone hervorblinken, wie denn überhaupt der von uns bereiste Theil der Nogat reich an eigenthümlichen landschaftlichen Reizen ist.

Der Stromschlauch der Nogat ist, wie bereits früher bemerkt, bis oberhalb Jonasdorf (unweit Marienburg) vollständig ausgebaut.

Bevor wir die Nogat verlassen, wollen wir einen Gegenstand nicht unberührt lassen, der schon zu vielen hydrotechnischen Abhandlungen und Broschüren, sowie zu lebhaftem Meinungsaustausch in der Zeitungs-Presse Veranlassung geboten hat, — die Regulirung der Weichselmündungen. Wie schon oben erwähnt, ist das Stromregulirungswerk noch lange nicht abgeschlossen, und namentlich ist in Bezug auf Hochwasser- und Eisverhältnisse noch lange nicht alles geschehen, was die Bewohner des Weichseldeltas gegen die fast in jedem Jahre sich wiederholenden Calamitäten schützen kann. In Folge dessen gingen an maassgebender Stelle aus den betheiligten Kreisen verschiedene dringende Petitionen um Abhülfe ein, und auf eine diesbezügliche Resolution des preussischen Abgeordnetenhauses hin wurde die Danziger Regierung beauftragt, geeignete Vorschläge zu machen. In Verfolg dieses Auftrages arbeitete der Regierungs- und Baurath Alsen unter Mitwirkung des Reg.-Baumeisters Fahl die folgenden beiden Projecte aus:

I. Die Weichsel als einheitlichen Strom unter Verschliessung der drei Seitenarme (also der Nogat, der Elbinger und der Danziger Weichsel) vermittelst Durchstechung der Nehrung unterhalb des Danziger Hauptes in die Ostsee zu führen.

II. Unter Beibehaltung der Nogat beide Stromläufe (nämlich die getheilte Weichsel und die Nogat) so zu reguliren, dass die Gefahren des Eisganges thunlichst vermindert werden.

Das Letztere soll bewirkt werden durch eine Beförderung des Eisgangs in der getheilten Weichsel und durch Behinderung des Eindringens der Eismassen in die Nogat.

In dem von Alsen und Fahl ausgearbeiteten interessanten „Haupt-Erläuterungsbericht" (im Druck erschienen bei A. W. Kafemann in Danzig 1877) wird nach ausführlicher Motivirung das Project I empfohlen. Für eben dasselbe haben sich die Deich-Inspectoren der interessirten Niederungen in einer Broschüre: „Noch ein Wort zur Regulirung der Weichsel-Mündungen" (1879) sowie der in dieser Angelegenheit ausserordentlich rührige Baurath Licht in mehreren Abhandlungen („Die untern Weichselmündungen und ihre Eisgefahren" 1877 und „Ueber Regulirung der Weichselmündungen" in der „Techn. Zeitschr. des Westpreuss. Arch.- u. Ing.-Vereins" mit 16 Blatt Skizzen, 1881 p. 29) ausgesprochen. Mit um so grösserer Spannung musste man daher der Ausschlag gebenden Entscheidung der höchsten technischen Instanz, der „Königlichen Akademie des Bauwesens", in dieser Angelegenheit entgegensehen. Dieselbe erklärte sich in einem Gutachten vom 28. Mai 1881 (abgedruckt in „Preussens landwirthschaftliche Verwaltung 1879–81") gegen eine Absperrung der Nogat, weil dadurch eine ernstliche Gefährdung des Pillauer Hafens hervorgerufen würde; ausserdem sei es fraglich, ob die Vortheile, welche den Niederungen aus einer Absperrung der Nogat erwüchsen, die sehr erheblichen Kosten, welche dieselbe erfordert, rechtfertigen würden; schliesslich würde eine Coupirung der Nogat eine absolute Sicherheit gegen Hochwasser- und Eisgefahren keineswegs garantiren.

Man darf gespannt sein, auf welche Weise diese brennende Frage einer Regulirung der Weiselmündungen, die immer bestimmter und gebieterischer an die Königliche Staatsregierung herantritt, gelöst werden wird.

Näheres über Weichsel und Nogat findet sich ausser in den bereits citirten Werken in der Zeitschr. f. Bauwesen 1858 p. 141, ferner in der „Technischen Zeitschr. des Westpr. Arch.- u. Ing -Ver." 1881 p. 21 („Ueber Stromverhältnisse und Regulirung der Weichsel" von Schmidt), ferner in der Zeitschr. f. B. 1862 p. 19 („Der Weichselstrom" von Spittel), schliesslich in der Techn. Zeitschr. des Westpr. A.- u. Ing.-Ver. 1880 („Nachrichten über die Deichbrüche der Weichsel")

Kehren wir nach dieser kleinen Abschweifung zu unserer Reise zurück!

Marienburg. Nicht lange währte es, so lag die alte Ordensmeister-Residenz des Deutschen Ritterordens, das malerisch gelegene Städtchen Marienburg mit seinen alterthümlichen Festungswerken, seinen vielen Zinnen und Thürmen und seinem Alles überragenden imposanten Schlosse vor unsern Augen. „Baurath Gersdorff" legte am Fusse der am rechten Nogatufer ansteigenden Stadt an, und wir verabschiedeten uns hier mit herzlichem Danke von den Herren Baurath Degner und Regierungsbaumeister Görz und Gersdorff, die uns in so zuvorkommender Weise auf unserer Fahrt begleitet und instruirt hatten.

Schloss Marienburg. (Fig. 81 a und 81 b.) Da wir bis zur Abfahrt des letzten Eisenbahnzuges nach Elbing, dem nächsten Reiseziele, mehrere Stunden Zeit hatten, so widmete sich die Mehrzahl unserer Reisegesellschaft nach einem flüchtigen Rundgange durch die alterthümliche Stadt einer eingehenden Besichtigung der herrlichen Marienburg, jener „Perle aller mittelalterlichen Schlossbauten und jenes charakteristischen Denkmals der edlen ernsten Ritterlichkeit des deutschen Ordens", wie Schnaase sagt. Da der Ausbau der Marienburg seit geraumer Zeit das allgemeine Interesse in Anspruch nimmt, so sei an dieser Stelle ein kurzer historischer Rückblick gestattet.

Entstehung und Entfaltung des deutschen Ritterordens. Der Deutsche Orden entstand bekanntlich während der Kreuzzüge aus einem 1128 in Jerusalem gegründeten Pilgerhause zur Aufnahme kranker und hilfloser deutscher Pilger und erhielt 1190 den Charakter eines geistlichen Ritterordens, der ähnlich wie die Orden der Johanniter und Tempelherren, neben der Krankenpflege sich dem Kampfe gegen die Ungläubigen widmete. Das Abzeichen der Ordensritter bildete ein weisser Mantel mit schwarzem Kreuze. Die erste Ansiedelung in Deutschland erfolgte 1209 in Folge einer Länderschenkung in Hessen, und als der berühmte Hermann von Salza 1210 Ordensmeister wurde, breitete sich der Orden, begünstigt von der geistlichen und weltlichen Macht, immer mehr aus und fasste auch in dem damals noch heidnischen Preussen festen Fuss. Als nämlich der polnische Herzog Konrad von Masowien den Orden um Hilfe anrief, gingen 1230 die ersten Ordensritter unter Hermann Balk dorthin ab, und nun begann jener hartnäckige 53 jährige Kampf, der mit der Unterwerfung und Bekehrung des heidnischen Preussen endete.

Gründung der Marienburg. Zum Schutze gegen fernere Invasionen errichtete man nunmehr eine ganze Reihe von Ordensburgen, wie Thorn im Kulmerlande, sodann Rehden, Marienwerder, Christburg, Stuhm und die Veste Marienburg.

Die erste Anlage der Marienburg, das sog. „Hochschloss" mit der St. Anna-Capelle datirt vom Jahre 1274.

Als aber 1309 der Hochmeister Siegfried von Feuchtwangen seinen Hauptsitz hierher verlegte, da entstand das prächtige „Mittelschloss", in welchem die ganze Bedeutung und der ritterliche Glanz des Ordens zum würdigen architektonischen Ausdruck gelangte. Hieran wurde später die sog. „Vorburg" mit Gräben, Basteien und Thürmen angeschlossen, nachdem schon vorher an das „Hochschloss" die nunmehrige Schloss- oder Marienkirche angebaut war; und so bildet die ganze Anlage einen weitverzweigten Complex der interessantesten Räumlichkeiten.

Nach zahllosen siegreichen Kämpfen mit Lithauen und Pomerellen musste sich der Ritterorden 1410 nach der furchtbaren Schlacht bei Tannenberg vor der colossalen Macht der vereinigten Polen, Lithauen und Tartaren in die Marienburg zurückziehen und bei dieser Belagerung bestand das Schloss trotz geringer Vertheidigungsmittel die erste Probe seiner Festigkeit. 1457 fand eine neue resultatlose Belagerung statt; aber was die Waffen nicht erreichten, das bewirkte schliesslich das Geld. Der Orden konnte seine Söldnerschaaren nicht mehr bezahlen, musste diesen daher seine Burg verpfänden, und nunmehr wurde das stolze Schloss von den Söldnerführern an die Polen überliefert. Da die zum Orden stehende Stadt Marienburg noch Widerstand wagte, so wurden deren Häuser von der in feindlicher Hand befindlichen Burg aus selbst beschossen; der patriotische Bürgermeister Blume büsste seine Gegenwehr unter dem Henkerbeil, und das ganze Ordensgebiet fiel nunmehr an Polen.

Seitdem residirten in der Marienburg die polnischen Woiwoden und Verfall des Schlosses. schwelgten die Starosten; das Mittelschloss blieb jedoch für die Könige reservirt. Bald nach dieser Annexion fiel das Schloss einer grossen Verwahrlosung anheim; aber eine systematische Zerstörung trat erst ein, nachdem dasselbe bei der ersten Theilung Polens unter das preussische Scepter gelangte. Es ist beschämend, zu hören, dass man nicht allein aus den herrlichen Räumen durch viele Umbauten eine Kaserne und ein Exerzierhaus machte, sondern die Mauern selbst als ergiebigen Steinbruch benutzen liess. Noch im Anfange dieses Jahrhunderts wurde hier statt der Kaserne ein Kriegsmagazin errichtet, und nun wurde im Hochschlosse gründlich aufgeräumt. In fast vandalischer Weise wurden da die einzelnen Theile zerstört, die noch erhaltenen wundervollen Sterngewölbe herausgeschlagen, Pfeiler niedergerissen, Fachwerksbauten eingesetzt und so die einzelnen Räume „zweckmässig" für die Aufnahme der Getreide-, Mehl- und Salzvorräthe hergestellt, während in den Sälen der Hochmeisterwohnung das Proviantamt mit den Wohnungen der Magazinbeamten etablirt wurde.

Der schwerste Anschlag gegen das erhabene Bauwerk — eine höhern Orts projectirte Niederreissung des ganzen Hoch- und Mittelschlosses — ist glücklicherweise nicht zur Ausführung gekommen. Erst nachdem Gilly's Zeichnungen, von Frick auf eigene Kosten in Kupfer geätzt, die gebildete Welt auf jenes architektonische Kleinod aufmerksam machten und Max von Schenkendorff einen energischen Mahnruf für dessen Erhaltung erhob, und als nach den Freiheitskriegen, während welcher die Franzosen zeitweise die Marienburg ebenfalls als Proviantlager, Pferdestall und Lazareth benutzt hatten, wieder ein idealer Zug durch das ganze Volk ging, da hörte der schmachvolle Zustand auf.

Restaurations-
Arbeiten.

Im Jahre 1817 begann man zunächst damit, das förmlich zu einem Augiasstall gewordene Schloss zu säubern. Nicht weniger als 48 000 Fuhren wurden, wie Jos. v. Eichendorf berichtet, nöthig, um den seit Jahrhunderten aufgehäuften Schutt und Unrath zu entfernen. Sodann wurde unter der Protection des preussischen Hofes und unter Mitwirkung preussischer Städte und Stände zunächst das „Mittelschloss" einer würdigen Renovirung unterzogen.

Und jetzt ist man, Dank den Bestrebungen des Marienburger Vereins und der Unterstützung seitens des Staates und der Provinz, daran, auch das „Hochschloss" zu restauriren. Ueber die diesbezüglichen Untersuchungen handelt ein Aufsatz im „Centralblatt der Bauverwaltung" 1882 p. 9 u. s. w., während man Näheres über die ganze Schlossanlage und ihre Geschichte in folgenden Werken findet:

1) F. Frick, Schloss Marienburg.
2) Neue Preuss. Provinzialbl. XI p. 3 (Aufsatz von Fr. v. Quast).
3) Allgemeine (Försters) Bauzeitung 1855 und 1856.
4) Zeitschr. f. Bauwesen 1879 p. 436 (Aufsatz von Blankenstein).
5) Kunstgeschichten von Kugler, Schnaase und Lübke.

Ueber den Stand der Restaurationsarbeiten am Hochschloss am Schlusse des Jahres 1883 berichtet das Centralbl. der Bauverw. (1883) auf p. 455.

Voller Bewunderung schritten wir durch die herrlichen Räume des Mittelschlosses zunächst durch die Vorhalle, sodann durch des „Meisters grossen Remter" — den prunkvollen Empfangs- und Festsaal des Grossmeisters, — in welchem sich von einem einzigen schlanken Mittelpfeiler ein kühnes Gewölbe wie ein Palmdach nach allen Seiten aufschwingt und in feinrippigen Gurten leicht zu den Wänden niedersenkt, dann durch des „Meisters kleinen Remter" — den kleinern Empfangs- und Speisesaal — ferner des „Meisters Stube und Gemach" mit reizvollen Sterngewölben, schliesslich durch die Keller und den berühmten „Conventsremter", in welchem 3 schlanke Granitpfeiler ein Gewölbe tragen, das nach Schnaase „an Leichtigkeit und Eleganz alles übertrifft, was die gothische Baukunst aller Länder in ihren schönsten Werken geleistet hat." Alles dieses ist in sachkundiger, künstlerischer Weise renovirt.

Wir statteten sodann auch noch dem Hochschlosse, in welchem gerade die Restaurationsarbeiten rüstig betrieben wurden, einen Besuch ab und sahen uns die den Hof umgebenden Arcadengänge, die schöne mit zierlichen Terrakotten geschmückte „Goldene Pforte" und die durch gute rhythmische Verhältnisse und elegante Sterngewölbe ausgezeichnete Marien- oder Schlosskirche an. Die letztere trägt in einer Nische des äussern Chorabschlusses einen eigenthümlichen Schmuck von kunsthistorischem Interesse — das ca. 9 m hohe Bild der Jungfrau Maria, der Schutzpatronin des Ordens mit einem nahezu 3 m hohen Christuskinde im Arm. Wenn auch die colossalen Figuren hinsichtlich der gewählten Proportionen nach unsern heutigen künstlerischen Anschauungen manches zu wünschen übrig lassen, so ist doch das Werk einzig in seiner Art durch die eigenartige Anwendung der Glasmosaik. Das Bild ist nämlich aus unzähligen farbigen Glasstückchen musivisch zusammengesetzt und hebt sich in plastischer Form reliefartig von dem glänzenden Goldhintergrunde ab.

Mit jener Befriedigung, die ein hoher Kunstgenuss gewährt, verliessen wir die stolze Marienburg, im Herzen den stillen Wunsch hegend, dass das im Gange befindliche Restaurationswerk an diesem grössten Denkmal des gothischen Backsteinbaues in würdiger Weise vollendet werde, damit des Dichters Worte sich ganz bewahrheiten:

> „Noch strahlst Du unbezwungen in alter Herrlichkeit,
> „Wie Du getrotzt den Feinden, hast du getrotzt der Zeit;
> „Ein Denkmal alter Zeiten im neuen Vaterland,
> „Stehst Du als deutsche Warte dem Osten zugewandt."

Wir besichtigten dann noch das auf einer baumgeschmückten Esplanade vor dem Schlosse befindliche schöne Denkmal Friedrich's des Grossen von Siemering, ferner das von Adler entworfene Kriegerdenkmal (cfr. Zeitschr. f. Bauw. 1878) und schliesslich die gleichzeitig mit der Dirschauer Brücke und nach denselben Principien erbaute eiserne Nogat-Brücke, bezüglich deren wir auf die Zeitschr. f. Bauw. 1855 p. 445 verweisen. Denkmal Friedrich's II.
Nogat-Brücke bei Marienburg.

Dann fuhren wir mit dem letzten Abendzuge nach Elbing, wo wir im Hôtel wieder mit den vorausgeeilten Reisegefährten zusammentrafen.

SECHSTER TAG.

Elbing, Bereisung des Elbing-Oberländischen Canals.

> „Bald ist, soweit die Menschheit haust,
> „Der Schienenweg gespannt;
> „Es keucht und schnaubt und stampft und saust
> „Das Dampfross durch das Land."
>
> (J. V. v. Scheffel.)

Freundlich lachte der Lenz ins Fenster hinein und grüsste uns mit heiterem Sonnenschein, als wir uns am andern Morgen von unserer Lagerstätte erhoben und uns zum neuen Tagewerke rüsteten. Diesmal galt es der Besichtigung der „geneigten Ebenen" im Elbing-Oberländischen Kanal, jener in ihrer Art einzigen Anlage auf dem europäischen Continent. Wir wanderten durch die in reizender Frühlingstoilette prangende saubere Stadt, deren alterthümliche Giebelhäuser und malerische „Beischläge" uns lebhaft an Danzig zurückerinnerten. Elbing wurde 1237 von dem Ordensmeister Hermann Balk unter Beihülfe der Lübecker erbaut und entwickelte sich bald zu einer bedeutenden Hansastadt. Die rastlos schaffende Neuzeit, welche überall die alten behaglichen Wohnhäuser mit ihren Erkern und Thürmchen verdrängt und so manche stillbeschaulichen Winkel von kunsthistorischem Interesse vom Erdboden vertilgt, um an ihrer Stelle nüchterne Nützlichkeitsbauten, Miethskasernen und geräuschvolle industrielle Etablissements zu errichten, hat auch hier ihren mächtigen Einfluss geäussert, und zwar in höherem Abfahrt.

Maasse, wie in Danzig. Die zahlreichen Schornsteine und Dampfschlöte legen beredtes Zeugniss hiervon ab. Trotzdem, und wiewohl sich Elbing neuerdings zur bedeutendsten Fabrikstadt der Provinz Preussen aufgeschwungen hat, findet man hier die schönsten Gärten und Parkanlagen vor, die auch uns mit ihren Frühlingsreizen entzückten. Der Anblick der herrlich blühenden Obstbäume und Ziersträucher und die daraus ertönenden Morgenlieder der munteren Vogelwelt erfüllten unsere Brust mit heller Wanderlust.

Secundärbahn Güldenboden— Mohrungen—Allenstein.

Wir fuhren zunächst mit der Ostbahn bis Güldenboden und stiegen in einen Zug der sich hier abzweigenden neuen Secundärbahn Güldenboden-Mohrungen-Allenstein ein. Dieselbe ist eingeleisig angelegt und hat als Oberbau Gussstahlschienen mit hölzernen Querschwellen. Die Breite des Planums beträgt 4,45 m; die angewandte Maximalsteigung ist 1 : 80, der Minimalradius = 350 m. An den Kreuzungen mit Strassen sind fast überall der Billigkeit halber Niveau-Uebergänge gewählt. Die Bahnhöfe — meist kleine Haltestellen — sind in der Weise ausgeführt, dass das Hauptgeleise gerade durchgeht, während einerseits ein Ueberholungsgeleise von etwa 540 m Länge (zwischen den Knotenpunkten) und andrerseits ein kleines Ladegeleise (neben der für Landfuhrwerke dienenden Ladestrasse) sich anschliessen. Die Bahnhofsgebäude sind als Provisorium in Fachwerk mit Pappdach, das in der Nähe liegende Beamten-Wohngebäude jedoch massiv und ebenfalls mit Pappdeckung ausgeführt.

Bei event. Steigerung des Verkehrs kann eine Erweiterung des Bahnhofs erfolgen; das leichtgebaute Stationsgebäude wird alsdann abgebrochen und ein neues in der nöthigen Entfernung weiter zurückgesetzt. Die Personenwagen sind mit continuirlichen Bremsen versehen.

Maldeuten.

In Maldeuten verliessen wir die Eisenbahn und gingen nach Besichtigung des kleinen Bahnhofs nach dem gleich in der Nähe gelegenen Samrodt-See, wo uns Herr Wasserbau-Inspector Leiter, dem die Verwaltung des Elbing-Oberländischen Kanals obliegt, und Herr Regierungs-Baumeister Platt an Bord ihres kleinen Raddampfers „Baurath Steenke" aufnahmen.

Oberländische Seenkette.) (Fig. 82 u. 83.)*

Dieser Dampfer ist flachgebaut und hinten mit einem 3,0 m breiten Triebrade versehen; die obere Breite beträgt gegen 3,0 m, der Tiefgang 0,90 m. Der Samrodt-See (siehe Situation Fig. 82) bildet mit dem nördlich an ihn anschliessenden Pinnow-See, sowie mit dem südlich belegenen Röthloff- und Eiling-See die Scheitelhaltung des Oberländischen Kanals. Der Bau

Elbing-Oberländ. Canal. (Fig. 82 u. 83.)

desselben wurde im Jahre 1844 unter Leitung des Bauraths Steenke begonnen und im October 1861 vollendet. Steenke, der am 22. April 1884 im 83. Lebensjahre starb, stellte nach einer nach Nordamerika unternommenen Reise und nach den hierbei am Morris-Kanal gemachten Beobachtungen, unter Mitwirkung von Severin und später von Lentze die Projecte zu jener die Oberländischen Seen mit dem 99,5 m tiefer liegenden Drausen-See verbindenden Schifffahrtsstrasse auf. Mit voller Hingebung widmete er sich 30 volle Jahre der Ausführung dieser Projecte und blieb auch nach dem vollkommenen Gelingen seines grossen Werkes der treue Hort und Be-

---

*) Der Elbing-Oberländische Canal — unter Benutzung von Mittheilungen des Herrn Reg.-Bauf. Aug. Frost.

rather desselben bis in sein hohes Greisenalter. Durch die Anlage des „Oberländischen Kanals“, welche hauptsächlich die Erhöhung der Productivkraft des Oberlandes in forst- und landwirthschaftlicher Beziehung, namentlich eine Ausnutzung der dort befindlichen zahlreichen fiscalischen Forsten bezweckte, wurde eine directe Verbindung zwischen dem Frischen Haff und den oberländischen Seen oder der Stadt Elbing und den Städten Liebemühl, Osterode, D.-Eylau und Saalfeld hergestellt. Die ganze Wasserstrasse vom Drausen-See bis D.-Eylau hat eine Gesammtlänge von 195 km, wovon rot. 41 km wirkliche Kanalstrecken sind, während 154 km auf die Seen entfallen.

Trace des Oberländischen Canals. *(Fig. 82 u. 83, 84—90, 91 u. 92.)*

Die Wasserstrasse spaltet sich bei Liebemühl und erreicht durch den kanalisirten Liebe-Fluss, der durch 2 Schleusen von 2,5 m resp. 1,5 m Gefälle aufgestaut ist, den Drewenz-See und den in die Weichsel mündenden schiffbaren Drewenz-Fluss, während durch den Geserich-Kanal, der ebenfalls 2 Schleusen enthält, der ca. 7 qkm grosse Geserich-See angeschlossen wird. Der Geserich-See bildet das Hauptspeisereservoir des Oberländischen Kanals. Mehrere Seen mussten behufs Vermeidung von kostspieligen Schleusenanlagen auf gleiches Niveau gebracht werden; so wurde z. B. der Seespiegel des Samrodt- und Pinnow-Sees um 5,5 m gesenkt. Hierdurch wurden nicht allein grosse Strecken entwässert und culturfähig gemacht, sondern es wurden auch etwa 560 a fruchtbares Land gewonnen. Bemerkenswerth ist es, dass der erwähnte Geserich-Kanal durch den dazwischenliegenden Abiszgar-See mittelst einer 400 m langen Dammschüttung geführt werden musste, da das Niveau des Sees 1,7 m tiefer lieg, als der Wasserspiegel des Kanals. Im Anschluss an den Geserich-Kanal zieht sich die Wasserstrasse durch den Eiling-, Röthloff-, Samrodt- und Pinnow-See und folgt in einer von 5 geneigten Ebenen unterbrochenen Kanalanlage dem Laufe des kleinen Flüsschens Kleppine bis zum Drausen-See. Die Ebenen sind 2 bis 2,5 km von einander entfernt und überwinden, wie bereits oben gesagt, ein Gefälle von 99,5 m (für welches nicht weniger als 32 Schleusenkammern erforderlich gewesen wären).

Die Höhendifferenzen zwischen Ober- und Unterwasser bei den einzelnen Ebenen sind folgende:

I.	geneigte	Ebene	Buchwald	20,4 m
II.	„	„	Kanten	18,8 „
III.	„	„	Schönfeld	24,5 „
IV.	„	„	Hirschfeld	21,8 „
V.	„	„	Neu-Kussfeld	14,0 „
			Sa.	99,5 m.

Barometrische Höhen-Messungen.

Die beim Passiren der Ebenen von uns mit dem Aneroid-Barometer angestellten Höhenmessungen ergaben wenig hiervon abweichende Werthe. (Die Resultate dieser Messungen sowie die Berechnungen der Höhen sind diesem Bericht als Anhang beigefügt.)

Bei unserer Bereisung waren nur 4 Ebenen im Gange, da der Betrieb der neuesten V. Ebene in Folge von Dammrutschungen unterbrochen war; statt dessen wurden die alten noch bestehenden 5 Holzschleusen für die Schifffahrt benutzt.

Da der Oberländische Kanal eine in sich abgeschlossene Wasserstrasse bildet, so war es möglich, für die den Kanal benutzenden Fahrzeuge ganz bestimmte Dimensionen vorzuschreiben und hiernach auch die Abmessungen der Bauwerke zu projectiren. Die Kanalschiffe von 24,5 m Länge, 2,5 m unterer und 3,0 m oberer Breite haben eine Tragfähigkeit von 60 t bei 1,0 m Eintauchungstiefe. Die Sohle des Kanals beträgt 7,53 m, die obere Breite in der Höhe des Wasserspiegels 16,32 m, die Tiefe 1,26 m. Die Dämme haben, in der Höhe des Wasserspiegels gemessen, eine Stärke von 13 m. Die Dossirung der Böschung unter Wasser ist 3fach, über Wasser und auf der Landseite $1^1/_2$ fach. Etwa 15 cm unter dem gewöhnlichen Wasserstande sind 0,6 m breite Bankette angeordnet. Die Neigung der Ebenen beträgt 1:12, flacht sich indessen auf 1:24 ab für den in Unterwasser liegenden Theil und für die dem Oberwasser zugekehrte Strecke. Der Scheitel der Ebenen liegt 0,30 m über Oberwasser.

Die Kanalschiffe werden auf eisernen Wagen (Gestellen, die aus 2 Fachwerksträgern mit darunter genieteten Querträgern bestehen) mittelst Ketten befestigt und durch 35 mm starke Drahtseile aufgeschleppt. Die 4 gekuppelten Räderpaare des Wagens laufen auf Stahlschienen, die das bei der Königlichen Ostbahn übliche Profil haben. Die Schienen liegen im Abstande von 3,14 m, bei den 3 alten Ebenen auf Langschwellen von Eichenholz, bei der neuen V. jedoch auf Beton-Obelisken von 0,68 m oberer Seite; auch bei den erstern werden indess seit einigen Jahren die Eichenschwellen nach und nach durch Beton-Unterlagen ersetzt. Die zur Führung des Seils erforderlichen Leitrollen sind alle 10 m disponirt.

Da auf jeder Ebene 2 Geleissstränge und 2 Wagen vorhanden sind, so gestaltet sich der Betrieb derartig, dass, während der eine Wagen sich aus dem Unterwasser erhebt und nach der obern Haltung gezogen wird, der andere aus dem Oberwasser auf den Höhepunkt (Scheitel) der Ebene emporsteigt. Während dieser Zeit muss die an dem Oberhaupte einer jeden Ebene befindliche Aufzugsmaschine beide Wagen heben, weshalb gerade für diese Strecken die Steigung, wie erwähnt, auf 1:24 ermässigt ist; in der übrigen Zeit wirkt das Gewicht des heruntergehenden Wagens begünstigend für das Aufziehen des gleichzeitig aufsteigenden anderen Wagens, so dass die Maschine nur das eventuelle Mehrgewicht des letztern und die Reibung zu überwinden hat. Auf diese Weise können also 2 Schiffe gleichzeitig befördert werden. Jeder Wagen wird durch ein besonderes Drahtseil gehalten, welches bei den alten Ebenen am Oberhaupt zunächst über eine zur Kanalaxe parallele und sodann über eine zweite zu dieser normale Seilscheibe nach einer gemeinsamen Seiltrommel, die sich im Maschinenhause befindet, geführt wird. Die hintern Enden der Wagen sind durch ein schwächeres (26 mm starkes) Drahtseil verbunden, welches von dem einen Wagen über 2 zur Kanalaxe parallele Seilscheiben und eine zwischen beiden befindliche, zur Kanalaxe normalen Seilscheibe im Unterhaupte zu dem andern Wagen geführt wird.

Die Wagen haben zu beiden Seiten erhöhte Laufstege. Um zu bewirken, dass dort, wo der Wagen in das Ober- oder Unterwasser eintritt, der Schiffsboden in seiner ganzen Länge gleichmässig zum Eintauchen gelangt, sind im Oberhaupte auf der innern, im Unterhaupte auf der äussern Seite der Schienen besondere Schienen angeordnet, die zunächst auf Achsen-Abstand horizontal und dann mit der Steigung 1:24 verlegt sind. (cfr. Fig. 90.) Die Räder haben zwei Laufkränze und zwischen denselben einen Spurkranz; letzterer dient gleichzeitig zur Aufnahme des Bremsbandes. Durch das Anziehen eines Hebelwerks können sämmtliche Bremsbänder gleichzeitig in Function treten und den Wagen zum Stillstand bringen. Im Maschinenhause befindet sich ausserdem noch eine Bremse, durch welche der Lauf der Wagen regulirt werden kann. Ferner ist der Radabstand der vorderen beiden Wagenachsen um eine Felgenbreite geringer als der der hinteren Achsen. In Folge dieser Anordnung verlässt z.B. im Unterhaupt der herabkommende Wagen mit dem vordern Räderpaar die Hauptgeleise, und der äussere Spurkranz tritt auf die (bis zu 0,40 m Höhe) ansteigenden Nebengeleise, während die Räder der hintern Achse auf den Hauptgeleisen verbleiben. Auf diese Weise erfolgt eine Horizontalstellung des Wagens. Analog ist der Vorgang im Oberhaupte.

Die Kraft zur Hebung der Fahrzeuge liefern bei den 4 alten Ebenen rückenschlächtige 8,47 m im Durchmesser haltende eiserne Wasserräder von 68 Pferdekraft (mit einer Umfangsgeschwindigkeit von 3,93 m und einem Wasserverbrauch von 0,20 cbm pro Secunde); bei der V. Ebene wirkt als Motor eine Turbine, deren Anordnung aus Fig. 91 und 92 ersichtlich ist. *Motoren zum Betriebe der geneigten Ebene. (Fig. 91 u. 92.)*

Die V. geneigte Ebene unterscheidet sich noch dadurch von den andern, dass dieselbe in einer Curve liegt, und dass in Folge dessen das Maschinenhaus am Oberhaupte in die Mittellinie der Ebene gelegt werden konnte, wodurch eine directe Führung des Aufzugsseiles zur Seiltrommel der Maschine ermöglicht wurde, und wodurch die beiden früher erwähnten normalen Seilscheiben wegfallen konnten.

Das Aufschlagwasser wird durch eine 1,2 m weite Rohrleitung dem Oberwasser entnommen. Von dieser Rohrleitung zweigt sich ein Entlastungsrohr ab, dessen Ventil, wie das der Hauptleitung, vom Maschinenhause aus regulirt wird. Das Verbrauchswasser fliesst durch einen mit Cascaden versehenen Abzugsgraben dem Unterwasser zu.

Die Beförderung eines Schiffes über eine Ebene nimmt im Ganzen etwa 20 Minuten Zeit in Anspruch.

Die Frequenz des Oberländischen Kanals bezifferte sich im Jahre *Schifffahrts-Verkehr.*

  1872 auf 2862 Schiffe,
  1873 „ 2640 „
  1874 „ 2982 Schiffe.

Seit Eröffnung der Thorn-Insterburger Bahn ist übrigens der Verkehr auf rot. 2000 Schiffe herabgesunken.

Bei Bergfahrten (nach dem Oberlande) kamen namentlich Steinkohlen, Salz, Gyps, Eisentheile, Stückgüter und Baumaterialien zum Transport, bei Thalfahrten (nach Elbing, Danzig etc.) hauptsächlich Holz, Getreide, Feldfrüchte und Spiritus, sowie Stückgüter.

Weitere Angaben über den Elbing-Oberländischen Kanal sind zu finden:
 1) in der Zeitschr. f. Bauw. 1861, p. 169,
 2) in „Hagen, Handb. d. Wasserbaukunst",
 3) im „Handb. der Ing.-Wissensch.",
 4) im Wochenbl. f. Arch. u. Ing. 1881 p. 348,
 6) in der Deutschen Bauztg. p. 319.

Eine ausführlichere Publication über den Bau der neuesten V. Ebene soll in der Zeitschr. f. Bauw. dem Vernehmen nach demnächst erfolgen.

Brücken am Oberländischen Canal. Ausser den geneigten Ebenen, welche vom Volksmunde „Rollberge" genannt werden, erregten auch noch andere bauliche Anlagen, namentlich aber die Mannigfaltigkeit der Kanalbrücken, unsere Aufmerksamkeit. Dieselben sind sämmtlich aus Holz construirt. Gleich hinter dem Pinnow-See sahen wir eine Rollbrücke, nicht weit davon die ziemlich hochliegende Draulittener Landstrassenbrücke, eine nach Howe'schen System construirte Gitterbalkenbrücke und ausserdem eine ganze Reihe der verschiedenartigsten Hänge- und Sprengewerks-Brücken. Ausserdem passirten wir kurz oberhalb der I. Ebene Buchwald ein einfaches hölzernes Sicherheitsthor, welches angeordnet ist, um bei eventuellen Dammbrüchen unterhalb ein Ausfliessen der die Scheitelhaltung bildenden Seen zu verhindern.

Bedienung der geneigten Ebenen. Zur Bedienung jeder Ebene sind 3 Mann angestellt: 1 Maschinist, 1 Heizer und 1 Wärter.

Die Ankunft eines von unten kommenden Schiffes, welches die Ebene zu passiren wünscht, wird durch ein Glockensignal dem auf dem Scheitel der Ebene postirten Wärter angemeldet, der dieses dann durch einen Schellenzug weiter nach dem Maschinenhause signalisirt.

Wasserstandszeiger. Damit der erwähnte Wärter stets den Wasserstand in der untern Kanalhaltung controliren kann, ist an dem Mauerwerk der untern Seilscheiben ein ebenso einfacher wie praktischer, weithin sichtbarer Wasserstandszeiger angebracht. Derselbe besteht aus einem grossen, weissangestrichenen Pfeile, der sich auf einer verticalen schwarzen Scheibe um den Mittelpunkt bewegt; der eine Hebelsarm des Pfeiles steht durch eine Schnur mit einem gewöhnlichen Schwimmer in Verbindung. Für gewöhnlich steht der Pfeil horizontal, sobald aber das zulässige Wasserstandsminimum überschritten wird, stellt sich derselbe in eine normale Lage — zum Zeichen, dass aus der obern Haltung Nachschusswasser gegeben werden muss.

Drausensee. Nach Besichtigung einer in der Nähe der V. Ebene bei Hirschfeld neu errichteten Zuckerfabrik mit einer interessanten Hänge-Eisenbahn (vgl. den Aufs. in der Zeitschr. f. B. 1884 Heft IV—VI vom Reg.-Bmstr. v. Fragstein) ging unsere Fahrt weiter über den Drausensee, der in den letzten Jahren zum Gegenstande vieler technischer Discussionen geworden ist.

Trockenlegung des Drausensees. Es ist nämlich die Trockenlegung dieses im fiscalischen Besitz befindlichen grossen Sees in Anregung gebracht worden. Man hofft hierdurch nicht blos eine grosse culturfähige Fläche zu gewinnen, sondern auch auf die ungünstigen sanitären Verhältnisse der Umgegend bessernd einzuwirken, die wegen der vielen hier epidemisch auftretenden Fieber in schlechtem Rufe steht. Jedoch ist die Melioration mit grossen Schwierigkeiten verbunden. Einerseits bildet der Drausensee das Reservoir verschiedener nicht unerheblichen Zuflüsse (z. B. der Thieme, Sorge, Kleppine, Weske etc.) von den umliegenden Niederungen und Höhen; andererseits wird durch denselben ja auch die Schifffahrt nach dem Oberlande vermittelt. Es sind bereits verschiedene Vorschläge gemacht worden, welche unter Berücksichtigung dieser Verhältnisse dennoch eine Trockenlegung als möglich erscheinen lassen; u. a. wurde beispielsweise die Herstellung eines grösseren, zugleich für die Schifffahrt dienenden Ringkanals empfohlen. Bis jetzt konnte man noch kein definitives Urtheil über die Rentabilitätsfrage dieses Unternehmens gewinnen, und man darf deshalb wohl auf die Lösung dieses höchst interessanten Meliorationsprojects gespannt sein.

Aus dem Drausensee kamen wir in das Fahrwasser des Elbing-Flusses, und bei eintretender Dunkelheit hatten wir die Stadt Elbing wieder erreicht. So verlief auch die heutige Fahrt, welche uns auch manche landschaftlichen Reize bot, in der angenehmsten und anregendsten Weise. Ankunft in Elbing.

SIEBENTER TAG.

Schichau'sche Werft in Elbing, Elbinger Mole, Fahrt über das Frische Haff nach Frauenburg und Pillau.

"Mulcibers Amboss tönt von dem Takt
geschwungener Hämmmer,
"Unter der nervigten Faust spritzen die
Funken des Stahls."
(Schiller.)

Nachdem wir uns durch eine erquickende Nachtruhe von den Strapazen des vorigen Tages erholt hatten, benutzten wir den Morgen zu einer Besichtigung der am Elbing-Flusse gelegenen grossen Schichau'schen Schiffswerft. Von dem Inhaber derselben, Herrn Commerzienrath Schichau selbst und dessen Ingenieuren aufs freundlichste empfangen und geführt, sahen wir zunächst den Stapellauf eines für die Wasserbau-Inspection Tapiau gebauten Revisions- und Bugsirdampfers — für die meisten unserer Reisegesellschaft ein noch unbekanntes und daher um so interessanteres Schauspiel. Die Taufe desselben wurde vom Herrn Regierungs- und Baurath Herzbruch aus Königsberg in feierlicher Weise vollzogen und zwar nicht, wie dies bei uns schlichten Menschenkindern zu geschehen pflegt, mit prunklosem Wasser, sondern mit feurigem Sekt. Sodann wurde plötzlich die Hemmvorrichtung an dem Ablaufschlitten gelöst, und unter dem Hurrahrufen des zahlreich erschienenen Publikums erfolgte nunmehr der Ablauf des Dampfbootes, welches mit Erlaubniss Sr. Excellenz des Herrn Minister Maybach den Namen "Maybach" erhalten hatte. Der besagte Dampfer, 21 m lang, 4 m breit, mit einem Tiefgange von 0,85 m ist als Hinterrad-Dampfer construirt und soll bei 70 kg Kohlenverbrauch pro Stunde eine Geschwindigkeit von 8,5 Knoten haben. Die Kosten betrugen 38 000 Mark.

Demnächst wurden wir auf 2 Trajectschiffe, welche als Fähren Bau von 2 Trajectschiffen.

Schichau'sche Schiffs-Werft.*)

*) Mit Benutzung von Notizen des Herrn Reg.-Bauf. St. Jankowski.

zwischen Jütland und Fünen, und zwar zwischen den Städten Fredericia und Striib, dienen sollten und von der dänischen Regierung in Bestellung gegeben waren, aufmerksam gemacht. Dieselben lagen bereits im Elbing-Flusse und wurden dort fertig ausgerüstet. Sie sind je 154' engl. lang, 41' engl. breit und haben einen Tiefgang von 7,5'; die Dampfmaschine ist für 1650 indicirte Pferdekräfte construirt. Als Raddampfer gebaut (mit 6 m im Durchmesser haltenden Triebrädern mit Patentschaufeln), sind sie bestimmt, je 6 Eisenbahngüterwagen aufzunehmen und überzusetzen. Für den Personentransport sind nach Klassen getrennte Kajüten eingerichtet. Die Ueberfahrt soll in 15 bis 20 Minuten erfolgen, und um das zeitraubende Wenden der Schiffe zu vermeiden sind an beiden Steven Steuerruder angebracht.

Hellinge. Die Werft besitzt 5 Hellinge, auf welchen Schiffe bis zu 100 m Länge gebaut werden können. Bei unserer Besichtigung waren gerade 2 Frachtdampfer von 20 m Länge, die im Gerippe ziemlich fertig waren, sowie ein Revisionsdampfer für die Wasserbau-Inspection Posen im Bau begriffen.

Werkstätten. An die Hellinge schliessen sich eine Reihe von Werkstätten und eine grosse offene Halle mit Loch-, Scheer-, Hobelmaschinen, mit Glüh- und Schweissöfen und allen erforderlichen Vorrichtungen zur Bearbeitung der Eisentheile, welche auf den nahen Hellingen direct verbaut werden, an, während auf der andern Seite das zur Werftanlage gehörige Hafen-Bassin, die übrigen grossen Maschinen-Werkstätten für Dampfmaschinen, Bagger, Pumpwerke u. s. w. sich ausdehnen.

Da die Zeit zur Abfahrt drängte, so mussten wir uns mit einem flüchtigen Rundgang durch diese für die gesammte Bau-Technik in den östlichen Provinzen eminent wichtigen Etablissements begnügen.

In der ganzen Anlage konnten wir eine principielle Verschiedenheit von der bereits geschilderten Danziger Kaiserl. Werft wahrnehmen. Während bei der letztern nach einheitlichem Plane alles auf das opulenteste, geräumigste und übersichtlichste disponirt ist, sind in Elbing die einzelnen Theile der Werft auf einem verhältnissmässig kleinen Complex zusammengedrängt, um mit den vorhandenen Mitteln möglichst viel zu leisten. Wir bemerken schliesslich noch, dass die Schichau'schen Etablissements in Elbing, von denen wir nur die Werft besichtigten, die jedoch auch noch eine grosse Lokomotiven-Fabrik umfassen, 1800 bis 2000 Arbeiter beschäftigen.

Elbinger Mole.
(Fig. 93.) Wir bestiegen nunmehr den bereit liegenden Dampfer „Cito!" des Herrn Schichau und fuhren den Elbingfluss hinunter zur Besichtigung der Elbinger Molen-Anlagen, welche die Elbinger Kaufmannschaft theils aus eigenen Mitteln, theils mit staatlicher Unterstützung zum Schutz gegen die immer mehr zunehmende Verschlickung der Mündung des genannten Flusses in das Frische Haff hinaus gebaut hat. Der Baugrund und die Eisgänge der nicht weitab hiervon mündenden Nogat boten hierbei nicht geringe Schwierigkeiten. Der Untergrund besteht nämlich bis auf 9—10 m Tiefe aus leichtem Schlick, erst hierunter befindet sich fester Sandboden. Ausserdem werden die Sinkstoffe der Nogat weit ins Haff hinausgetrieben. Die Mole musste also, um die Einfahrt in den Elbingfluss gegen diese Ablagerungen zu schützen, eine bedeutende Länge erhalten. Der grossen Kosten halber war daher auf eine leichte Constructionsart Bedacht zu nehmen.

Man hatte bereits 1859 eine Mole von 269 m Länge gebaut, die jedoch bald von Sturm und Wellengang zerstört wurde. Die Fahrrinne bildete sich unter dem Einflusse der Nogat-Strömung in einem weiten Bogen aus, und man beabsichtigte ursprünglich die neue Mole dieser Linie folgen zu lassen, kam jedoch später hiervon zurück und baggerte neben der mehr in westlicher Richtung angelegten Mole eine neue Fahrrinne von 3,0 m Tiefe aus.

Im Jahre 1877 wurden die Arbeiten zur Herstellung der neuen Mole rüstig in Angriff genommen und diese bis zum Jahre 1882 bis auf 3,2 km Länge nach Art der Niederländischen Hafendämme fertiggestellt.

Die Construction derselben (cfr. beiliegende Skizze Fig. 93) besteht darin, dass man eine Bohlwand von 3,6 m Höhe und im Abstande von 4,0 m dahinter eine Pfahlreihe von 6 m langen Pfählen einrammte, dazwischen Senkfaschinen mit starker Steinpackung und Abpflasterung anordnete und den ganzen Körper mit starken bis in den festen Baugrund reichenden Pfählen durch Zugstangen fest verankerte. Von Wichtigkeit ist es hierbei, die Mole zum Schutze gegen Wellenschlag und Eisgang nach der Westseite zu hinterfüllen und mit den Rammarbeiten nur nach Maassgabe dieser haffseitigen Hinterfüllung vorzugehen, um Beschädigungen durch das Eis, wie solche im Frühjahr 1878 vorgekommen sind, zu verhindern.

Die Fahrrinne wurde in ca. 7—10 m Entfernung östlich von der Mole angelegt und seit 1878 mittelst eines Kreiselbaggers hergestellt. Von einer 40 Pferdekraft starken Dampfmaschine wird in einem Schlitz des Baggerschiffes ein Vorschneider in Bewegung gesetzt, welcher auf einer die Kreiselwelle lose umgebenden Achse sitzt und die Schlickmasse auflockert. Der Vorschneider macht 100 Umdrehungen pro Minute und treibt die gelöste Masse in den Kreisel, der 550 Umdrehungen macht und das Baggergut vermittelst eines Steigrohres und eines am Schiffe aufgehängten Auslegerohres hinter die Mole fördert. Hier lagert sich der Schlick in einer Neigung von etwa 1:40 ab. Ursprünglich wurden bei weiteren Entfernungen Schwimmrohre benutzt, neuerdings verwendet man meistens Rohre, die an ein auf dem Bagger befindliches Gerüst aufgehängt sind. Nähere Angaben über die Construction und Wirkung dieses bei Elbing fungirenden Pumpenbaggers findet man im Wochenbl. f. Arch. und Ing. 1879; allgemeines über Pumpenbagger überhaupt in: „Deutsche Bauzeitung 1873 und 1879, Handbuch der Ing.-Wissenschaften III p. 1100, L. Hagen, Sammlung ausgeführter Dampfbagger, Centralbl. d. B. 1882, p. 36, G. Hagen, Handb. d. V. III. 4, p. 244.

Auf dem hinter den Molen abgelagerten Schlickboden versuchte man zuerst Weiden-Culturen anzulegen. Dieselben gingen schön an, wurden aber bald durch die antreibenden Eisschollen, welche die Weiden, wie jedes andere Strauchwerk nicht allein an Stamm und Zweigen beschädigen, sondern auch die Wurzeln mit dem anhaftenden Boden herausreissen, zerstört. In Folge dessen legte man Rohr- und Binsen-Culturen *(scirpus lacustris* und *arundo pragmites))* an, deren Wurzelstöcke, da nur einjährige Triebe hervorspriessen, gegen derartige Gefahren gesichert sind. Die Anpflanzung des Rohres geschieht durch Ansamen oder besser durch Wurzelstecklinge, welche reihenweise in den Boden eingeschlämmt werden. Bei grösseren Wassertiefen werden Binsen in der Weise angepflanzt, dass man den reifen Samen mit Lehm mengt, faustgrosse Ballen daraus knetet und nach einigem Antrocknen ins Wasser versenkt. Ausser dem Schutze gegen Eisgang gewähren diese Pflanzen auch gute wirthschaftliche Erträge, da das Rohr zum Dachdecken etc. und die Binsen von den Bewohnern der wiesenarmen Nehrung als Viehfutter, sowie zur Stuhlfabrication benutzt werden.

Als Curiosum mag noch erwähnt werden, dass wegen der weiten Entfernung des Festlandes von der Molenbaustelle hierselbst für den Bauleitenden ein schwimmendes Bau-Bureau eingerichtet war — ein Prahm mit aufgebauter Bretterbude.

Fahrt über das Frische Haff.

Nachdem Alles in Augenschein genommen war, verabschiedeten wir uns mit dankendem Gruss von den Elbinger Herren, die uns bis hierhin ihr Geleit gegeben, und stiegen über an Bord des Pillauer Regierungsdampfers „von Schmeling", der uns über das Frische Haff nach Pillau bringen sollte. Das Schiff nahm zunächst seinen Cours nach Frauenburg, wo Station gemacht werden sollte. Während links die schmale sandige Nehrung mit dem berühmten Seebad Kahlberg den Horizont begrenzt, ziehen sich am rechten Haffufer auf anmuthigen Höhenzügen die üppigsten Laubwälder hin, aus denen hier und da ein Dörflein verstohlen hervorlugt.

Frauenburg.

·Bald lag das malerisch in der Fluth sich spiegelnde, an einem Hochufer ansteigende Städtchen **Frauenburg** vor unsern Blicken. Freundlich winkten die Thürme der alten, die Anhöhe beherrschenden Domkirche zu uns herab, während links davon die bischöfliche Residenz sichtbar wurde; denn „Frauenburg katholisch ist und dazu ein Bischofssitz" (wie es im Liede heisst), und zwar ist das Städtchen die kirchliche Metropole der Diöcese Ermland.

Dom zu Frauenburg.

Als wir gelandet hatten, nahmen wir unter Führung zweier Domgeistlichen den Dom, der im gothischen Backstein-Stil in der Zeit von 1328 bis 1480 als Hallenbau mit Sterngewölben und mit einschiffigem Chor-Abschluss aufgeführt wurde und im Innern wie im Aeussern viel Sehenswerthes aufzuweisen hat, in Augenschein. Die mit gemusterten Formsteinen belebten innern Wände, die vielen alten, zum Theil grossen Kunstwerth repräsentirenden Gemälde, die kunstvollen Holzschnitzereien und Sculpturen, mit denen das Innere fast überladen ist, die grossen, im anstossenden Capitel-Saal aufgehängten Teppiche, in welche historische Darstellungen mit staunenswerthem Geschick eingewirkt sind, dann die vielen kunstvoll gestickten, golddurchwebten Messgewänder, die prächtigen bischöflichen Insignien (Mitra und Hirtenstab), schliesslich die alten kostbaren, in Leder gepressten Psalterien, Breviere und Missales — alles dieses fesselte unser Interesse in hohem Maasse. Das war also die geweihte Stätte, an welcher der weltberühmte Copernicus († 1543) als schlichter Domherr einst lebte, wirkte und starb! Um diese Thatsache zu fixiren, wurde zum Andenken an den grossen Astronomen 200 Jahre nach dessen Tode im Dom eine Tafel mit folgender Inschrift angebracht:

„Nicolao Copernico Thorunensi, cathedralis huius ecclesiae Varmiensis „(Ermländisch) olim canonico astronomo celeberrimo, cuius nomen et gloria „utrumque replevit orbem, monumentum hoc in fraterni amoris aestimationis „que tesseram praelati, canonici totumque Varmiense capitulum posuere 1734."

Betreffs des Frauenburger Domes vergl. Kugler, Geschichte der Bkst. V p.
492 und Lotz, Kunsttopographie Deutschlands I p. 218.

Nachdem wir nun auch noch das Aeussere der Kathedrale, namentlich
aber die reizvolle West-Façade mit ihrer lebhaft gegliederten und reich
gemusterten Portalhalle bewundert hatten, stiegen wir zu unserm Dampfer
hinab und stiessen unter dankbaren Hochrufen auf die freundlichen Frauenburger Herren vom Lande ab. Noch lange schauten wir nach dem im Schein Abfahrt nach Pillau.
der untergehenden Sonne erglänzenden Städtchen zurück, bis die nahende
Dämmerung die ganze Landschaft in einen grauen Schleier hüllte. Als wir
in Pillau anlangten, war es vollends dunkel geworden, und ermüdet suchten
wir unsere Quartiere auf.

ACHTER TAG.

Hafen von Pillau.

„Auf hochgestapelte Ballen blickt
„Der Kaufherr mit Ergötzen,
„Ein armer Fischer daneben flickt
„Betrübt an zerissenen Netzen. —
„Manch rüstig stolz bewimpelt Schiff!
„Manch morsches Wrack im Sande! —“
(Anastasius Grün.)

Der heutige Tag war der Besichtigung der hervorragenden Hafenbauten Fahrt durch die
Hafen-Anlagen.
(Fig. 94.)
Pillau's gewidmet. Zur Orientirung wurde am Morgen eine Dampfer-
fahrt durch den Vorhafen, den Petroleumhafen, durch das Seetief hinaus
zu den beiden Molen und sodann zurück bis zur Landungsbrücke an der
frischen Nehrung gemacht, von wo wir mit einem bereit gehaltenen Arbeits-
zuge der Molen-Eisenbahn bis zur Südermole hinausfuhren. Am Nachmittage wurden der russische Damm mit seinen ausgedehnten baulichen
Anlagen, der mit Schiffen übersäte „Graben“, der „alte Hafen“, der Leuchtthurm etc. besichtigt, während gegen Sonnenuntergang ein Spaziergang
zur Nordermole uns das unvergessliche Schauspiel einer hochgehenden See
gewährte.

Die Herren Baurath Natus, Obermaschinenmeister Schmidt, Hafen-
Polizei-Director Köthner, Regierungs-Baumeister Schierhorn und Kuntze
und Regierungs-Bauführer Beyerhaus hatten in liebenswürdigster Weise
unsere Führung übernommen.

Indem wir hier auf die vorzüglichen Abhandlungen in G. Hagen's Historische Ent-
wickelung der Hafen-
Anlagen.
(Fig. 75 und 94.)
„Handbuch der Wasserbaukunst“ III sowie in der Zeitschrift für Bauwesen
1883 (L. Hagen, „Die Seehäfen in den Provinzen Preussen und Pommern“)
verweisen, sei es verstattet, in kurzen Umrissen die historische Entwickelung der Pillauer Hafenbauten zu recapituliren.

Die Gegend von Pillau wurde bereits in ältester Zeit von Bernstein einhandelnden Phöniziern besucht. Das Haff hatte früher 2 Ausmündungen in die Ostsee — die eine in der Nehrung, der Stadt Frauenburg gegenüber, und die andere etwa 8 km nordöstlich von Pillau bei Lochstädt. Diese Oeffnungen schlossen sich im 14. Jahrhundert wieder, und es entstand weiter südwestlich von Pillau das sogenannte „Balga'sche Tief", welches indess von den auf Elbing und Königsberg eifersüchtigen Danziger Kaufleuten 1520 versperrt wurde.

Statt dessen bildete sich das jetzige „Seetief" bei Pillau als einzige Haffverbindung immer mehr aus. 1683 entstand der erste künstliche Liege-

Der „Graben."

hafen, der sogenannte „Graben", welcher den auf der Durchreise befindlichen Schiffen entweder während der Zollabfertigung oder auch zum Zwecke einer Ueberwinterung Schutz gegen den Wellenschlag bot.

Russischer Damm.

Dieser Schutz wurde vermehrt durch die Herstellung eines 340 m langen, aus Steinkisten gebauten und mit Sand hinterfüllten Dammes, welchen die Russen während des 7 jährigen Krieges zur Sicherung ihrer Kriegsflotte vor dem Graben aufführten, und der seitdem der „Russische Damm" heisst. Aus diesem entstand durch allmähliche Verlängerung nach dem östlichen Festlande hin (bei Wogram) und weitere Anschüttungen die zur Zeit für die fiscalischen Hafengebäude verwerthete grössere Insel, welche auch jetzt noch den Namen „Russischer Damm" trägt. Ausser dem Bauinspections-Etablissement und sonstigen Dienstwohnungen befinden sich hier jetzt ein Bauhof, 1 Helling mit 7 Gleitbahnen, ferner ausgedehnte Werkstätten- und Magazin-Anlagen zur Unterhaltung und Reparatur der Hafenanstalten, der fiscalischen Fahrzeuge und Baggergeräthschaften (6 Dampfbagger, 6 Dampfschiffe und 70 bis 80 Baggerprähme etc.), sowie ein Ballastplatz.

Alter Hafen.

Zwischen dem „Russischen Damm" und der Stadt Pillau entstand so der „alte Hafen", der durch einen an ersteren sich südwestlich anschliessenden, 65 m langen Flügeldamm gegen die vom Haff oder von der See kommenden Wellen und Eisschollen geschützt wurde. Zur Sicherung des Ufers auf der Stadtseite wurden ebenfalls Befestigungen hergestellt, indem man das sogenannte „hohe Bollwerk" aufführte.

Bahnhof.

Mit der Anlage der ostpreussischen Südbahn, welche eine directe Schienenverbindung nach Odessa via Königsberg und Warschau schaffte, erhielt der Handel Pillaus einen neuen grossartigen Aufschwung. Der Bahn-

Neuer Hafen.

hof wurde an den Hafen angeschlossen, ein Bohlwerk von 1460 m Länge und längs desselben durch Baggerung der 7 m tiefe „neue Hafen" hergestellt.

Hinterhafen.

In dessen Fortsetzung befindet sich der sogenannte „Hinterhafen", der jedoch nur einzelne tiefer gebaggerte Rinnen enthält und wegen einer mittleren Tiefe von nur 0,5 m von kleineren Fahrzeugen als Liegeplatz während des Winters benutzt wird.

Erweiterung des Hafens.

Da ein weiterer Ausbau des Hafens immer dringender wurde, so stellte man in den Jahren 1875 und 1876 ein grosses Erweiterungsproject auf und brachte dasselbe seit 1877 auch zur Ausführung.

Vorhafen.

Der grössere Theil der einlaufenden Schiffe geht nach erfolgter Zolldeclaration sofort nach Königsberg weiter; es können jedoch über 4 m tief gehende Schiffe wegen der beschränkten Tiefe in den Haffrinnen nicht mit voller Ladung bis Königsberg oder Elbing aufgehen und müssen daher in

Pillau in Lichterfahrzeuge („Bordinge") überladen. Der bisher zu dem Zwecke bestehende innere Hafen reichte nicht aus und war ausserdem wegen unbequemer Einfahrt schwer zu erreichen. Daher wurde der in jeder Hinsicht bequemere „Vorhafen" von 26 ha Fläche angelegt und ein neuer Hafenmund von 100 m Weite hergestellt, während der bereits erwähnte, die Passage grösserer Schiffe hindernde und nunmehr überflüssig gewordene alte Flügeldamm beseitigt werden soll.

Um den bei Sturm einsegelnden Schiffen die Möglichkeit zu bieten, ohne Gefahr zur Ruhe zu kommen, ist im Vorhafen im Anschluss an den neuen Trennungsdamm zwischen Vorhafen und Petroleumhafen (cfr. Fig. 110) eine sogenannte Moderbank angeordnet. *Moderbank.*

Da ein Lagern von Petroleumfässern in Schuppen seitens der Fortification verboten ist, so wurde zur Verhütung eines grössern Hafenbrandes an den Vorhafen ein eigener, möglichst isolirter Petroleumhafen von 4 ha Fläche angeschlossen und von diesem durch eine 20 m breite, mittelst eines feuersichern, eisernen Pontons verschliessbare Einfahrt getrennt. Ausser dieser Oeffnung ist noch eine zweite nach der Haffseite stets geöffnete Mündung angelegt, damit im Falle eines Brandes nicht sämmtliche Schiffe im Petroleumhafen selbst ein Raub der Flammen werden. *Petroleumhafen. (Fig. 108 – 111.)*

Beide Häfen stehen durch Schienenstränge auf einem hierzu angelegten 1800 m langen Damm, dem sogenannten Verbindungsbahndamm, mit dem Bahnhof in geeigneter Verbindung.

Zwischen dem letzteren und dem russischen Damm soll noch der projectirte Holzhafen der Hafenbauwerwaltung seine Stelle finden, während an der Mündung des Vorhafens auf die Anlage eines neuen Lootsenhafens Bedacht genommen wurde. *Holzhafen.* *Lootsenhafen.*

Soviel über die allmähliche Entwickelung der Plan-Disposition des Pillauer Hafens!

Was nun die Construction der einzelnen Hafendämme betrifft, so liegt der zuletzt erwähnte Verbindungsbahndamm in der Krone 2,0 m über M. W.; die äussere haffseitige Böschuug ist gegen Wellenschlag mit einem Revêtement aus grossen Steinen hergestellt, welches auf einer Schüttung von kleinern Steinen ruht; die Innenböschung ist durch doppelte Flechtzäune und Rohrpflanzungen geschützt (cfr. Fig. 101 Profil 3). Das auf der Innenseite liegende Bankett dient als Fussweg nach dem Dorfe Alt-Pillau. (Vergl. auch die übrigen Profile Fig. 90 u. 100). *Construction der Hafendämme. Verbindungsbahndamm. (Fig. 99—101.)*

Der sich anschliessende Vorhafendamm verbreitert sich allmählich und gabelt sich in die den Vorhafen und Petroleumhafen abschliessenden Dämme. Während nach der Haffseite die Böschung, wie bei dem ebenerwähnten Verbindungsdamm, durch Steinschüttungen etc. gesichert ist (cfr. Fig. 102), finden wir auf der Hafenseite als Uferbefestigung ein Stein-Revêtement, welches sich gegen eine bis M. W. reichende, gut verankerte Spundwand stützt und vor einem Bohlwerk den Vorzug hat, dass die bei letzterem angeordnete, über M. W. liegende, und daher leicht vergängliche hölzerne Bohlwand durch eine mit grossen Steinen abgepflasterte Böschung ersetzt wird, so dass die ganze Construction eine nahezu unbeschränkte Dauer erhält. Aus den Figuren 103—107 dürfte die Anlage im allgemeinen klar hervorgehen, doch sei im einzelnen noch auf die aus Fig. 103 ersicht- *Vorhafen und Petroleumhafendamm (Fig 102—109, 110 und 111)* liche Eck-Ausbildung der geneigt gerammten Spundwand aufmerksam gemacht. Da nämlich bei solchen Spundwänden in allen Curven die Spitzen der einzelnen gleich breiten Spundpfähle einen grössern Kreis beschreiben als die Köpfe derselben, so tritt unten ein Klaffen der Spundpfähle ein, welches in Pillau in der Weise sehr zweckmässig umgangen ist, dass die geneigte Spundwand bereits vor Beginn der Curve gerade gezogen wird. Um dieses zu erreichen, wird Feder und Nuth der einzelnen Spundpfähle, wie in Fig. 103a karrikirt skizzirt ist, nicht parallel sondern schräge zum Spundpfahl angeschnitten, so dass es möglich wird, die Spundwand allmählich aufzurichten, bezw. nach Herstellung der Curve wieder zu neigen.

Vor dem genannten Stein-Revêtement sind alle 4 m Reibepfähle gerammt, welche mit einander gehörig verholmt sind und zur Erleichterung des Verladegeschäftes (an der dossirten Vorderfläche) zahlreiche Ladebrücken aufnehmen. Um die Schiffe vor Beschädigungen zu schützen, sind ausserdem, wie in Fig. 106 u. 107 dargestellt, die vortretenden Theile der eisernen Anker in knaggenförmige hölzerne Aufsätze versenkt.

Dieselbe im Verhältniss zu einer Kaimauer durch eine ausserordentliche Billigkeit sich auszeichnende und jener an Haltbarkeit kaum nachstehende Construction zeigen auch die Uferdeckungen am Bauhof und Ballastplatz.

Die äussersten Enden des Vorhafen- und Petroleumhafen-Dammes bestehen aus zwei mit einander verankerten Pfahlreihen, deren Zwischenraum mit losen Steinen ausgefüllt ist. Die äussere senkrechte Pfahlwand wird durch eine starke Steinschüttung gegen Eisangriffe geschützt. (cfr. Profil A in der Situation Fig. 94 und in Fig. 108 und 109.)

Der mittlere Theil des Trennungsdammes zwischen Vor- und Petroleumhafen hat mit Rücksicht auf die Feuersgefahr eine eigenartige, in seiner obern Hälfte massive Construction erhalten. (Siehe Profil C in der Situation Fig. 94, sowie Fig. 110 und 111.) Eine neuere Bohlwerks-Anlage am „Graben" und am neuen Bauhof ist durch die beiliegenden Zeichnungen (Fig. 112—114) dargestellt. Hierbei hat man, abweichend von der sonst üblichen Construction der Bohlwerke, die eigentlichen Bohlwerkspfähle fortgelassen und statt derselben alle Meter einen Spundpfahl bis zur Terrainoberkante hochgeführt; gegen diese einzelnstehenden Spundpfähle legen sich alsdann die Hinterkleidungsbohlen. Die in Abständen von 4,0 m vorgerammten Reibepfähle haben nur den Zweck, die Schiffe vor Beschädigungen an der vordern Zange zu bewahren.

<table>
<tr><td>Süder- und Nordermole.
(Fig. 115—119)</td><td>Was nun die Ausfahrt aus dem Hafen in die offene See oder das zwischen Haff und Ostsee befindliche bereits früher genannte „Seetief" betrifft, so wurde dasselbe im Laufe der Zeit durch Uferschutzwerke und Molen eingefasst.</td></tr>
</table>

Was nun die Ausfahrt aus dem Hafen in die offene See oder das zwischen Haff und Ostsee befindliche bereits früher genannte „Seetief" betrifft, so wurde dasselbe im Laufe der Zeit durch Uferschutzwerke und Molen eingefasst. Auf der Nehrungsseite legte man die erste grössere Uferbefestigung 1767 in Gestalt eines sogenannten Steinkistendammes (wie bei Neufahrwasser) an, welche als Mole zunächst auf etwa 100 m, später noch weiter in die See hinaus verlängert wurde. Um ein Versanden des „Tiefs" durch den vom nördlichen Strande antreibenden Sand zu verhüten, wurde 1840—1846 auch die andere (Pillauer) Seite durch die rot. 1000 m lange Nordermole abgeschlossen. Dieselbe bestand aus einem Kern von Sinkstücken, welche mit schweren Granitsteinen in flachen Dossirungen abgedeckt waren. Neuerdings wurden nun die mittlerweile zum Theile wieder zerstörte Nordermole auf eine Länge von 1040 m, die Südermole auf eine solche von 1140 m gebracht und beide mit ihren Köpfen so einander genähert, dass eine Wasserfläche von rot. 360 m Breite dazwischen liegt, während das Seetief am Hafen i. m. 460 m breit ist.

Durch eine derartige Profileinschränkung soll die Wirkung des ausgehenden Stromes verstärkt und durch eine gleichbleibende Richtung desselben die möglichste Tiefhaltung der Fahrrinne in dem vor den Molen liegenden „Seegatt", welches steten Verflachungen ausgesetzt ist, erzielt werden. Ein Wegbaggern dieser Sand-Barre ist zu kostspielig, weil zu schwierig wegen des Wellenschlages.

Die Construction der neuen Nordermole weicht von derjenigen der früheren Anlage wesentlich ab. Während man zunächst die im Laufe der Zeit zerstörten Theile der alten Mole bis zur Höhe des mittleren Wasserstandes wiederherstellte, die Steinschüttung möglichst ausglich und darüber eine rot. 3,3 m hohe Uebermauerung mit steilen Wänden errichtete, wendete man für die projectirte Verlängerung eine von G. Hagen angegebene und bei Stolpmünde und Swinemünde bereits erprobte neue Constructionsart an, welche in der Folge auch bei andern Ostseehäfen (Rügenwaldermünde und Neufahrwasser) eingeführt wurde. Der Gang der Bauausführung soll hier kurz beschrieben werden.

Ein Einrammen der Pfähle von Prähmen aus war theils wegen des Wellenschlages, theils weil die Pfahlwände in einer Neigung von 1:4 eingerammt werden sollten, unpraktisch. Man ordnete daher besondere Rammgerüste an, die später auch zur Anfuhr der erforderlichen Baumaterialien benutzt wurden. Diese Rüstung wurde vom Lande aus vermittelst der „Pionier-Ramme" (cfr. G. Hagen's Handb. d. W. I § 35) vorgetrieben und bestand aus einzelnen Jochen von 5 lothrecht eingerammten Pfählen (bei den vorhin erwähnten Molen nur 3), welche man durch je einen Holm und je 2 Zangen mit einander fest verband.

Nachdem so 2 oder 3 Joche aufgestellt und mit Bohlen abgedeckt waren, wurden grosse Zugrammen nachgeschoben, um das Eintreiben der eigentlichen Wandpfähle zu bewirken; und zwar wurden zunächst an den beiden Enden eines Jochholms je 2 Pfähle mit einer Neigung von 1:4 so eingerammt, dass sie den letzteren scharf umschlossen, zu welchem Zwecke man die Wandpfähle zuerst durch Keile aus einander trieb, sodann an der Verbindungsstelle leicht einkämmte und durch eiserne Schraubenbolzen mit dem Holme fest verband.

Die Joche wurden in der Längenrichtung der Mole in der Weise versteift, dass an der inneren Seite der schrägen Pfähle provisorische Gurtungen durch Schraubenbolzen befestigt wurden; ausserdem versuchte man mit gutem Erfolge, die vorderen Joche (wie aus Fig. 115, 117 und 118 ersichtlich) durch kreuzweise und abwärts gerichtete Ketten, welche durch Schlossschrauben angespannt und später wieder beseitigt werden konnten, mit dem je vierten dahinter stehenden Joche zu verbinden.

Nunmehr wurden die Zwischenpfähle für die äussern Pfahlwände eingerammt, und zwar zunächst mit der Zugramme, später mit der Kunst- oder der Dampframme, welche auf eigens verlegten Schienengeleisen vorwärts bewegt wurden. Diese Pfähle erhielten ebenfalls die Neigung von 1:4 und wurden so dicht neben einander gestellt, dass bei der spätern Schüttung keine Steine hindurchfallen konnten. Als Lehre beim Einrammen der häufig über 15 m langen schrägen Pfähle wurden in einer Tiefe von 4 bis 5 m unter Wasser eiserne Zwingen (zwei durch Schrauben gegen einander verstellbare ⊏-förmige Zwangschienen) angeordnet, welche sich an den schrägen Jochpfählen vermittelst Ketten auf und nieder bewegen liessen, und zwischen welche die Zwischenpfähle, da sie etwas schwächer als die Jochpfähle waren, leicht hindurchgeschoben werden konnten. Während auf diese Weise die beiden Pfahlwände, die wegen ihrer schrägen Stellung mehr Stabilität besitzen als senkrechte Wände, hergestellt wurden, ging man möglichst rasch hinter den Rammarbeiten mit der Steinschüttung vor, damit die Pfähle nicht so leicht vom Wellengange zerstört würden.

Zur Anfuhr der Steine waren an passenden Stellen sowohl über wie unter den Jochholmen Transportgeleise angebracht.

Nach den traurigen Erfahrungen in Stolpmünde, wo man nach erfolgter Steinschüttung übereilend sofort mit der Aufmauerung des oberen Molenkörpers begann, was einen theilweisen Einsturz der Dämme zur Folge hatte, überliess man die bis M. W. aufgeführte Steinschüttung zunächst einige Jahre den Einwirkungen der Strömung und des Wellenschlages. Sodann wurden auf beiden Seiten in der Höhe von M. W. die definitiven Gurtungen angebracht und durch eiserne Rundstäbe von 5 cm Stärke fest mit einander verankert; diese Stabanker waren, um eine Lockerung der Schrauben durch die Erschütterungen des Seeganges zu verhindern, an beiden Enden mit doppelten Schraubenmuttern versehen. Alsdann beseitigte man die provisorischen Gurtungen und schnitt die Rüstungs-Joche in M.-W.-Höhe ab. Schliesslich erfolgte die Uebermauerung und die Vollendung des ganzen Dammes.

Der Billigkeit halber wurde indessen der Kern der Mole nicht aus Mauerwerk, sondern aus einer Concretmasse von 10 Theilen Seesand und 1 Theile Cement hergestellt.

Die Molenkrone, welche 3,14 m über M. W. liegt, hat eine Breite von 8 m, im Kopfe jedoch eine solche von 12 m; die Böschungen haben eine Dossirung von 1:4. 1,5 m von der Aussenkante zieht sich eine 1,5 m starke und 1,5 m hohe Brustmauer hin, an welcher seitlich Geländer befestigt sind, damit sich daran die die Mole begehenden Lootsen bei hohem Seegange, wenn die Wellen über die Brüstung stürzen, festhalten können.

Bei der Anlage des Molenkopfes wurden die Pfahlwände mit Steinschüttung (ebenso wie in Stolpmünde, Swinemünde und neuerdings auch in Neufahrwasser) beibehalten, während man sich in Rügenwaldermünde zu einer Construction wie bei dem Hafendamm von Holyhead (Aufmauerung auf einer Schüttung von grossen Betonblöcken) entschloss. Der Kopf der Pillauer Mole erhielt im Unterbau einen bis H. W. reichenden rechteckigen Abschluss; hierüber setzt sich eine kegelförmige Aufmauerung mit der Leuchtbaake, um welche die Brustmauer herumgeführt wurde. Die vordere Pfahlwand ist ebenfalls mit einer Neigung von 1:4 eingerammt. Die eisernen Stabanker sind strahlenförmig nach 2 Einsteigeschächten geführt, so dass die Schraubenmuttern leicht revidirt werden können. (Vergl. die Zeichnungen im Centralbl. d. B. 1883 p. 30.)

Während an der Norder-Mole bereits am 30. Juni 1883 durch Herrn Baurath Natus die feierliche Schlusssteinlegung vollzogen werden konnte, ist bei der neuen Süder-Mole, welche in derselben Constructionsart erbaut wird, wie die Norder-Mole, zum Theil nur erst der Unterbau (Pfahlwerk mit Steinschüttung) hergestellt; das Aufbringen des obern Mauerkörpers wird erst nach genügender Setzung der verschütteten Steine unter Einwirkung des Wellenschlages (voraussichtlich im nächsten Jahre) erfolgen.

Als wir die Molen besuchten, war man gerade damit beschäftigt, an denjenigen Stellen, wo die ältere Construction in die neue übergeht, vermittelst hölzerner Sturzgerüste colossale Mauerklötze von etwa 9 bis 12 cbm, die man, um weitere Transporte zu vermeiden, an der Verwendungsstelle selbst hergestellt hatte, vor dem Fuss der Molen-Dossirung hinab zu stürzen.

Um die Wurzel der Süder-Mole gegen Abbruch zu schützen, wurden daselbst Pfahlbuhnen und dazwischen Parallelwerke aus Pfählen und Strauchwerk gebaut.

Auf dem Kopfe der Norder-Mole wurde 1880 eine eiserne Leuchtbaake *Eiserne Leuchtbaake.* mit einem Fresnel'schen katadioptrischen Apparat 5. Ordnung und rothem Licht (in einer Höhe von 10,2 m über M. W. und auf 8 Seemeilen sichtbar) aufgestellt. Zu bemerken ist, dass zur Beleuchtung einer solchen Leuchtbaake hier zum ersten Male comprimirtes Fettgas nach dem Patent von Jul. Pintsch in Berlin verwendet wurde, wie es für Eisenbahnzüge schon längere Zeit in Gebrauch war. Eine nähere Beschreibung der ganzen Anlage nebst Zeichnungen findet sich im Centralbl. d. Bauverw. 1883 p. 30.

Ausser der erwähnten Baake liegt in der Stadt Pillau selbst ein massiver, runder Leuchtthurm, dessen weisses festes Feuer 29,9 m über M. W. *Leuchtthurm.* liegt und 15 Seemeilen weit sichtbar ist. 11 Lampen werfen ihr Licht mittelst parabolischer Spiegel auf die Ostsee, während eine 12. Lampe das Haff beleuchtet. Von der Gallerie des Leuchtthurms hatten wir eine vorzügliche Aussicht über die ganzen Hafenanlagen.

Ueber die sonstigen Seezeichen von Pillau cfr. Zeitschrift f. Bauwesen 1883 (L. Hagen, „Seehäfen in Preussen und Pommern").

Bevor wir die Schilderung des Pillauer Hafens schliessen, sei noch *Wassertiefen.* darauf hingewiesen, dass auch hier aussergewöhnliche Naturereignisse fördernd auf die Hafenverhältnisse einwirkten. Wiewohl man 1810 danach strebte, durch die bereits besprochenen Mittel den ausgehenden Strom so zu leiten, dass die Barre stets im Angriff erhalten wurde, so erzielte man doch in der Seemündung nur eine Tiefe von nur 3,0 m, welche zeitweise bis auf 5,0 m vergrössert wurde. Erst als im Jahre 1855 der Deichbruch bei Gr. Montau erfolgte, und die in der Weichsel aufgestauten Wassermassen durch die Nogat sich mit grosser Vehemenz ins Frische Haff stürzten, da entstand in Folge der 2 Tage lang andauernden Strömung (von 2 m Geschwindigkeit) eine Vertiefung des Seetiefs zwischen den Molen auf 7,0 m. Durch dieses günstige Ereigniss wurde der eigentliche Hafen auch den grossen Seeschiffen zugänglich, und alle späteren grossartigen Bau-Ausführungen gipfelten hauptsächlich darin, diese Tiefe der Fahrrinne auch fernerhin zu erhalten.

Die Zahl der im Jahre 1882 eingegangenen Schiffe, welche allerdings *Schiffsverkehr.* in andern Jahren bereits erheblich überschritten ist, betrug 2123, darunter 918 Dampfschiffe; die Zahl der ausgegangenen 2080. Die Einfuhr erstreckt sich hauptsächlich auf Kohlen, Cokes, Heringe, Eisen und Petroleum; die Ausfuhr auf Holz und Getreide. —

Marinestück. Zum Abschluss unseres Tagewerks suchten wir gegen Sonnenuntergang noch einmal den Strand und die Norder-Mole auf. War es schon am Vormittage böiges Wetter gewesen, so entfaltete später eine kräftige N. W.-Brise ihre Schwingen und wühlte die See auf. Drohend und wogend wälzten sich die Wassermassen aus unabsehbarer Ferne heran; brausend brandeten die Wellen an dem festen Molenkörper, bäumten sich auf und stürzten machtlos zischend über die Krone zu unsern Füssen zusammen;

> — „in jeder schien ein stürmisch Herz zu schlagen,
> „In jeder eine Brust im Kampf zu schwellen;
> „— O Meer, o Meer, so trüb und wild,
> „Wie gleichst du so ganz dem Leben!" —

Es war ein eigenthümliches Gefühl, welches sich unser bemächtigte. Wir standen mitten in den tobenden Fluthen und brauchten doch nicht zu bangen, von denselben verschlungen zu werden: denn die sichere Hand des Ingenieurs hatte hier den wilden Elementarkräften ein ehernes, ehrfurchtgebietendes „veto" entgegengestellt. — Lange waren wir in den tiefergreifenden Anblick dieses grossartigen Naturschauspiels, welches sich uns in dieser Weise heute zum ersten Male auf unserer Reise darbot, versunken; erst die eintretende Dunkelheit mahnte uns zur schleunigen Rückkehr in unser Hôtel, wo wir in der Gesellschaft unserer freundlichen Führer den Abend in collegialisch-gemüthlicher Weise verlebten.

NEUNTER TAG.

Dampferfahrt über das Frische Haff und auf dem Pregel nach Königsberg, Sehenswürdigkeiten von Königsberg, Elektrische Ausstellung.

> „Der Morgen frisch, die Winde gut,
> „Die Sonne glüht so helle —
> „Und brausend geht es durch die Fluth:
> „Wie wandern wir so schnelle!"
>
> (Lenau.)

Abfahrt von Pillau. Das prachtvolle Wetter, welches uns fast während unserer ganzen Reise begleitet hatte, verliess uns auch am letzten Tage nicht, und frohen Muthes bestiegen wir um 7 Uhr Morgens den Dampfer „von Schmeling", der uns diesesmal über das Frische Haff nach dem Stapelplatze des ostpreussischen Handels, nach der alten Residenzstadt Königsberg, führen sollte.

Als wir den Hafen von Pillau verliessen und Abschied von seinen Bauten nahmen, war es wohl zu natürlich, des Mannes zu gedenken, der den Grundstein zu diesen grossartigen Anlagen gelegt und dem von ihm geplanten Ausbau derselben bis zu seinem inzwischen erfolgten und von der ganzen Fachwelt schmerzlich beklagten Tode (am 3. Febr. 1884) unausgesetzt seine regste Aufmerksamkeit und thatkräftige Theilnahme bewahrt hatte. Es war dieses der Wirkl. Geheimerath und Ober-Landes-Baudirector a. D. Excellenz Dr. G. Hagen, welcher vom Jahre 1826—31 als Hafenbau-Inspector in Pillau seine erste grössere praktische Bauthätigkeit entfaltet hatte. Ein jubelndes Hoch auf den um die technischen Wissenschaften so hochverdienten Mann, den allverehrten Nestor des deutschen Bauwesens, erklang aus aller Kehlen und mit Enthusiasmus wurde die Idee aufgenommen, demselben von der Stätte seines Wirkens ein rasch improvisirtes Begrüssungstelegramm zu übersenden. Dasselbe lautete folgendermaassen:

> „Begeistert folgten wir den Spuren,
> Die man von Dir uns hat gezeigt;
> Ein Gruss von Deinen heim'schen Fluren
> Sei Dir darum von uns geweiht;
> Er töne lauter wie Wogenprall
> Und stärker noch als Donnerhall,
> Er töne bis in's Märk'sche Land,
> Altmeister, Dir vom Ostseestrand!"

Wer von uns hätte es damals geahnt, dass der jugendfrische Greis schon so bald nachher den düstern Nachen des Charon besteigen würde!

Wir fuhren nun zunächst in südöstlicher Richtung in der künstlich durch den sog. „Heerd" gebaggerten Rinne, welche 3 km lang und 4 m tief ist. Sie wird bei Tage durch 2 Reihen von weiss resp. schwarz gestrichenen Tonnen, bei Nacht durch 2 Leuchtbaaken auf der Frischen Nehrung markirt. Nach Verlassen der Rinne erweitert sich das Fahrwasser auf dem Frischen Haff und man steuert nun auf eine Länge von 18 km fast in östlicher Richtung auf die wiederum künstlich gebaggerte, 3,8 bis 4 m tiefe, in der Sohle 75 m breite und fast 15 km lange Königsberger Rinne zu. Gegen Norden verflacht sich das Haff zur sog. „Fischhausener Wiek". In dieser Bucht liegt bei dem Städtchen Fischhausen ein in den Jahren 1877—78 seitens der Stadt, aber unter Beihilfe des Staates neu erbauter Hafen für kleine Handels- und Fischerfahrzeuge, dessen allgemeine Anordnung aus Fig. 120 zu ersehen ist. Zu der Construction der Ufereinfassung des Lösch- und Ladeplatzes (Fig. 121 und 122) und derjenigen der Mole (Fig. 123 und 124) sei bemerkt, dass dieselbe unter thunlichster Ersparniss an Kosten entworfen werden musste, und dass sich dieselbe trotzdem bisher durchaus bewährt hat. Die langgestreckte Form der Westmole erklärt sich durch die hier zeitweise sehr stark auftretenden Eis- und Wellenbewegungen.

Die bei Tage durch weisse resp. schwarze Bojen oder „Pricken", bei Nachtzeit durch Leuchtbaaken an der Pregel-Mündung charakterisirte „Königsberger Rinne" führt weiter zur Pregel-Mündung, an welcher weiter aufwärts Königsberg liegt. Am Eingange der Königsberger Rinne ist jetzt eine von Jul. Pintsch construirte mit comprimirtem Fettgas ge-

Pillauer **Rinne.**

Königsberger **Rinne.**

Hafen von Fischhausen.
(Fig. 120—124.)

Pintsch'sche Leuchtboje.

füllte Leucht-Boje aufgestellt, die wir, wiewohl sie bei unserer Bereisung noch nicht an Ort und Stelle gebracht war, doch später unter den Ausstellungs-Objecten der Königsberger elektrischen Ausstellung zu sehen Gelegenheit hatten (siehe unten).

Da für das Befahren der ganzen Strecke wegen der hier vorhandenen vielen Untiefen genaue Localkenntnisse nothwendig sind, so besteht für grössere Schiffe zwischen Pillau und Königsberg Lootsenzwang.

Projecte für die Herstellung einer 6 m tiefen Fahrrinne. Der Umstand, dass für grosse Seeschiffe die hier vorhandene Fahrtiefe von 4 m nicht genügt, und die hierdurch entstehenden grossen Unbequemlichkeiten und Kosten für die Handelsschifffahrt (Umladen in „Bordinge") bewogen die Königsberger Kaufmannschaft 1879 dazu, eine Concurrenz auszuschreiben für ein Project zur Herstellung einer 6,0 m tiefen, für Dampf- und Segelschiffe geeigneten Fahrstrasse. Wiewohl verschiedene der eingegangenen Projecte den Preis erhielten (den I. Preis erhielt Herr Baurath Natus), so musste von der Realisirung irgend eines derselben wegen Mangels an hinreichenden Mitteln (die Anschlagssummen variirten zwischen 2 und 10 Millionen Mark) vorläufig noch Abstand genommen werden. Ueber die einschlägigen Verhältnisse findet man ausführliche Mittheilungen nebst Zeichnungen im Wochenbl. f. Arch. u. Ing. 1880 p. 270 und 1881 p. 487.

Neuerdings ist dieses für den ostpreussischen Handel ausserordentlich wichtige Project wieder lebhafter discutirt worden und scheint sich der vielgewünschten Verwirklichung zu nähern. Wenigstens hat sich die Königl. Akademie des Bauwesens auf Veranlassung des Ministers der öffentlichen Arbeiten in eingehender Weise mit der schwebenden Frage befasst und ihre Ansichten in einem jüngst erschienenen, interessanten Gutachten (vom 12. Juni 1884, publ. im Centralbl. der Bauverw. 1884 Nr. 28) niedergelegt. Hiernach verdient ein durch Dämme abgeschlossener Kanal vor den alljährlich zu bewirkenden kostspieligen Vertiefungen der bestehenden Fahrrinne unbedingten Vorzug. Während in dem bereits erwähnten Natus'schen Entwurfe dieser geschlossene Kanal in kürzerer Linie das nördliche Haffufer verfolgt und nur durch eine 6 km lange offene Rinne vor der Fischhausener Wiek unterbrochen wird, soll derselbe nach den ebenfalls preisgekrönten Entwürfen von Schmitt (Ober-Maschinenmeister in Pillau) und von Kummer (Hafenbau-Inspector in Neufahrwasser) und Kuntze (Regierungs-Baumeister in Pillau) von der Pregel-Mündung aus längs des südlichen Haffufers geführt werden und schliesslich in eine 18 km lange Baggerrinne, die in das Pillauer Tief mündet, übergehen. Indem wir zwecks weiterer Information auf die vorhin angegebene Quelle verweisen, wollen wir noch bemerken, dass sich die Akademie des Bauwesens für das erstgenannte Project entschieden hat mit der Modification, dass die Trace des Kanals möglichst überall dem sandigen Untergrunde zu folgen habe, was sich nach dem Vorschlage des Regierungs- und Bauraths Herzbruch auch ermöglichen lasse, wenn die Linie noch näher an den nördlichen Uferrand des Haffs verschoben würde. Der Kanal könne ferner ohne Bedenken durch den südlichen Theil des Petroleumhafens in den Pillauer Vorhafen eingeführt werden. Was das Querprofil des Kanals betrifft, so wird empfohlen, die 30 m breite Sohle 6,5 m unter M. W. zu legen, die Dossirungen mit $2\frac{1}{2}$ facher Anlage herzustellen und zu beiden Seiten der Fahrrinne

2,0 bis 2,5 m unter Wasser, ein 25 m breites Bankett anzuordnen. Der offenen Fahrrinne endlich sei zweckmässig eine Sohlbreite von 75 m zu geben.

Gegen $^1/_2$11 Uhr langten wir in Königsberg an und gingen an dem auf dem linken Pregel-Ufer gelegenen Kai-Bahnhofe ans Land. Hinter einer hölzernen Verladebrücke ziehen sich hier die grossen Lagerschuppen hin, welche landseitig durch 2 Stränge mit der Ostbahn verbunden sind. Diese Magazine dienen hauptsächlich zur Aufnahme des russischen Getreides, welches pregelabwärts auf rohgezimmerten Schiffen (die grössern Fahrzeuge heissen „Witimnen", die kleinern „Woidoki") dort ankommt, gelagert, gereinigt und, um es vollwichtig zu machen, mit einheimischem Getreide gemischt wird, ehe es zur weitern Verladung kommt. Unwillkürlich wurde man beim Anblick dieser enormen Getreidemengen an die Schiller'schen Verse erinnert:

„Auf den Stapel schüttet die Ernten der Erde der Kaufmann etc."

Wir bestiegen dann wieder den Dampfer und landeten etwas weiter stromabwärts am Packhof auf dem rechten Pregel-Ufer, wo wir durch den inzwischen ebenfalls gestorbenen Herrn Regierungs- und Baurath Herzbruch, Herrn Regierungs-Baumeister Engels und anderen empfangen wurden. Zum Packhof gehören zahlreiche Lager- und Revisionshäuser für die eingehenden zollpflichtigen Waaren, welche durch Schienenstränge mit dem Pillauer Bahnhof in Königsberg in Zusammenhang stehen.

Am Packhof war gerade eine Kaimauer im Bau, die wegen ihrer schwierigen Fundirung hier näher beschrieben werden soll. Der Baugrund daselbst ist ausserordentlich unsicher und schlecht, so dass die in der Nähe befindliche Eisenbahnbrücke, an welche sich die Kaimauer anschliesst, pneumatisch fundirt werden musste (vergl. Zeitschr. f. Bauwesen 1866). Da man bei den Landpfeilern besagter Brücke, sowie bei der Futtermauer des gegenüberliegenden Ufers schlechte Erfahrungen gemacht hatte, so wurde bei dieser neuen Kaimauer zu einer ganz besonders starken Construction gegriffen (siehe beiliegende Zeichnung Fig. 125). Die 16 m langen Pfähle, auf welchen das Bauwerk ruht, sind sämmtlich mit einer Neigung von 1:6 gerammt, und der Zwischenraum ist in einer Höhe von 5,25 m mit Steinen ausgefüllt. Darüber kommt ein 1 m starkes Betonbett, auf welches sich dann die eigentliche Mauer aufsetzt. Zur grössern Sicherheit ist alle 3 m eine kräftige Verankerung angebracht. Zwischen der Kaimauer und den Packhofsgebäuden soll 1 Krahngeleise, 2 Ladegeleise und eine Fahrstrasse angelegt werden. Da der vorhandene Raum hierfür indess nicht genügte, so wurde die neue Kaimauer 3,0 m in das Flussbett vorgeschoben, was ohne Bedenken geschehen konnte, da beim Bau der Eisenbahnbrücke das gegenüberliegende Ufer um 10 m zurückgerückt worden war, eine Verengung des früheren Flussprofils somit nicht eintrat. Ob sich die gewählte Construction bei der Unzuverlässigkeit des Baugrundes bewähren wird, muss erst abgewartet werden.

Unser nächster Besuch galt der neuen Honigbrücke in der Stadt

Ankunft in Königsberg, Kai-Bahnhof mit Getreide-Magazinen.*)

Packhof.

Neue Kaimauer. (Fig. 125.)

Börse.

---

*) Sehenswürdigkeiten von Königsberg — unter Benutzung von Mittheilungen des Herrn Reg.-Bauf. Krause.

selbst. Auf dem Wege dorthin kamen wir an der im italienischen Renaissance-Stil aufgeführten Börse vorbei, die zu den bedeutenderen Hochbauten Königsbergs zählt. Der Bau wurde hergestellt nach einem von H. Müller-Bremen bearbeiteten preisgekrönten Projecte und 1875 vollendet. Die in Sandstein ausgeführte Façade ist von schöner architectonischer Wirkung; namentlich aber ist die dem Pregel zugekehrte Seite ausserordentlich reich ausgestattet.

Honig-Brücke.
(Fig. 126—127.)

Die Honigbrücke (vergl. Wochenbl. f. Arch. u. Ing. 1881 p. 390), eine eiserne Strassenbrücke, überschreitet den ca. 40 m breiten Verbindungsarm des alten und neuen Pregel unter einem Winkel von 83^0 in 3 Oeffnungen. Die beiden seitlichen Oeffnungen, welche 16,0 resp. 6,5 m lang sind, wurden durch feste Blechbrücken überspannt, während die Mittelöffnung von zwei Klappen überdeckt ist, die einen 10 m weiten Schiffsdurchlass für Seeschiffe gewähren. Da in dem erwähnten Pregelarm keine bedeutende Strömung herrscht, so sind die Strompfeiler abweichend von den Landpfeilern nicht normal zur Stromrichtung, sondern normal zur Brückenaxe gelegt, weil bei schiefwinkeligen Klappen die Ausbalancirung und damit die leichte Beweglichkeit schwer zu erzielen gewesen sein würde. Auf letztere ist aber des frequenten Stassenverkehrs wegen ganz besonders Gewicht gelegt und in Folge dessen ein hydraulischer Betrieb angeordnet, wozu der an jener Stelle in etwa 21 m Höhe wirkende Druck der Wasserleitung benutzt worden ist. Das Project ist hervorgegangen aus einer Concurrenz, die im Jahre 1878 seitens der Stadt ausgeschrieben wurde, und bei welcher der jetzige Stadtbaurath Frühling in Königsberg und Stadtbau-Inspector Eger in Breslau den ersten Preis erhielten.

Die Brücke hat eine Breite von 9 m, wovon 6 m auf die Fahrbahn und 2.1,5 m auf die auf ausgekragten Consolen ruhenden Fusswege entfallen. Jede der beiden Klappen besteht aus 7 sich nach den Enden hin verjüngenden Längsträgern, die über dem Strompfeiler durch einen kastenartigen Querträger a (siehe Fig. 126 und 127) verbunden sind. Dieser Träger dient dazu, die Verbindung der beiden Drehzapfen b herzustellen, tritt also an die Stelle der sonst üblichen durchgehenden Drehaxe. Bei geschlossener Brücke lehnt sich derselbe mit seinem vorderen Theile auf zwei durch Keile justirbare Auflager (vergl. später die „Hohe Brücke"), die somit den grösseren Theil der mobilen Last aufnehmen. Die Längsträger sind sämmtlich über die Drehaxe hinaus verlängert und greifen dort unter schlingenartige, oben aus 2 Winkeleisen bestehende Anker c, welche durch das ganze Mauerwerk gehen und dazu dienen, den als Freiträgern construirten Längsträgern bei Belastung der Klappe den nöthigen Gegendruck (negativen Stützendruck) zu gewähren. Nach untenhin ist der hintere Theil bei 4 Längsträgern zu einem Quadranten r von 1,48 m Rad. ausgebildet, an welchem die Ketten der Contre-Gewichte wirken; der mittlere Längsträger dagegen endigt in einem kleinern Quadranten s, auf welchem die zum Bewegungsmechanismus erforderlichen Ketten sich auf- und abwickeln.

Das Princip des hydraulischen Betriebes geht aus Fig. 127 hervor. Unter jeder der seitlichen festen Brücken befindet sich ein Cylinder. Der eine d_1 steht durch ein Rohr mit der Wasserleitung direct in Verbindung, während der andere d_2 mit dem ersten Cylinder durch zwei Rohre e und f, welche dükerartig durch das Flussbett geführt sind, verbunden ist. Hierdurch wird der Vortheil erreicht, dass man durch Oeffnen eines das Wasser abhaltenden Drehschiebers beide Klappen von einer Seite aus öffnen und schliessen kann. Soll nun die Brücke geöffnet werden, so tritt das Druckwasser hinter den Kolben des Cylinders d_1, gleichzeitig aber auch durch das Dükerrohr e hinter den Kolben des Cylinders d_2, welcher, wie bereits erwähnt, sich unter der festen Brücke neben der gegenüber liegenden Klappe befindet. Durch die Vorwärtsbewegung des Kolbens wird die Kette, welche über die Rollen g und h läuft und an dem Quadranten in i befestigt ist, in der angedeuteten Richtung angezogen und hierdurch das Aufdrehen der Klappe erzielt. Das andere Ende der Kette, welches über die Rolle e geht und am untern Theile des Quadranten bei k befestigt ist, wickelt sich bei dieser Bewegung auf den Quadranten auf. Beim Schliessen der Brücke tritt diese Kette in Function, indem das Druckwasser auf der andern Seite des Cylinders eintritt (bei Cylinder d_2 durch das Dükerrohr f), den Kolben zurückdrückt und somit durch die Kette bei k eine nach rechts drehende Bewegung der Klappe um den Drehpunkt b ausführt.

Etwas complicirter ist die Ausbalancirung der Brücke, welche an jeder Klappe durch zwei Contre-Gewichte m (cfr. Fig. 126) geschieht, die des constanten Gewichts wegen stets unter Wasser sich befinden. Jedes Gewicht hängt an zwei Ketten, die sich um zwei spiralförmige Scheiben legen und am Punkte n derselben befestigt sind. Auf derselben Drehaxe der Spiralen sitzen zwei kreisrunde Scheiben, an welchen im Punkte p je eine Kette befestigt ist, die sich um den Quadranten r legt und im Punkte q derselben endigt. Wird nun die Brücke geöffnet, so wickeln sich letztere Ketten auf den kreisrunden Scheiben o auf und die Ketten der nach unten sich bewegenden Contre-Gewichte wickeln sich von den Spiralen ab, und zwar sind letztere so construirt, dass die Klappe in jeder Stellung im Gleichgewicht ist. Da nämlich das Gewicht der Brücke constant ist, der Hebelsarm indessen beim Aufdrehen der Klappe mit dem Cosinus des Drehungswinkels abnimmt und daher das Moment bei jeder Lage ein anderes ist, so musste zur genauen Ausbalancirung auch der Hebelsarm des constanten Contre-Gewichts im Verhältniss abnehmen, was durch die spiralförmige Scheibe erzielt wurde. Das Oeffnen und Schliessen der Brücke, welches uns demonstrirt wurde, ging sehr leicht von Statten; jede Operation nahm etwa 40 Sekunden Zeit in Anspruch. Ausser dem hydraulischen Betriebe ist für alle Fälle noch ein Handbetrieb vorgesehen, der ca. 3 bis 4 Minuten Zeit zum Oeffnen erfordert, jedoch äusserst selten gebraucht wird. Die Herstellungskosten der Brücke, die in den Jahren 1879/80 erbaut wurde, betrugen 143 000 Mark.

Wir schritten nun zur Besichtigung der „Hohen Brücke", woselbst uns Herr Regierungs-Baumeister Naumann über diese, sowie über die Honigbrücke, welche beide von ihm unter der Oberleitung des Herrn Stadtbaurath Frühling ausgeführt sind, unter Vorlegung von Zeichnungen einen sehr interessanten Vortrag hielt.

Die „Hohe Brücke", welche demnächst dem Verkehr übergeben werden sollte, ist eine 70 m lange eiserne Strassenbrücke. Die etwas eingehende Beschreibung derselben an dieser Stelle sei damit motivirt, dass

Hohe Brücke.
(Fig. 128—131.)

dieselbe bis jetzt noch nicht publicirt ist; auch dürfte die höchst durchdachte Construction derselben bis jetzt wohl kaum anderswo ausgeführt sein.

Die Brücke überschreitet den Pregel in 3 Oeffnungen, von denen die beiden seitlichen durch Parabelträger à 27 m Spannweite überbrückt sind. Die Mittelöffnung ist wiederum von 2 Klappen überdeckt, die jedoch einen 12,60 m weiten Schiffsdurchlass gewähren. Die Breite der Brücke ist auf den Klappen 9 m, auf den festen Brücken 10,70 m; das Fussgängerbankett ist bei den letzteren ausserhalb der Parabelträger auf Consolen angebracht. Die Fahrbahn besteht wie bei der Honigbrücke bei den festen Brücken aus verzinkten Zores-Eisen, welche auf secundären Längsträgern, die zwischen den Querträgern eingespannt sind, ruhen. Die Zwischenräume zwischen den Zores-Eisen sind mit hartgebrannten Klinkern ausgefüllt; darüber befindet sich eine 8 bis 14 cm starke Abdeckung aus sog. Theerbeton (einer Mischung aus Theer, Pech, Kies und Steinschlag) und hierüber schliesslich ein Pflaster aus würfelförmigen Granitsteinen mit Asphaltfugenverguss (siehe Fig. 129). Bei den Klappen bilden die Fahrbahn Stahlplatten, welche auf Zores-Eisen angeschraubt sind. Dieser Belag ist bedeutend dauerhafter und ausserdem sogar leichter als doppelter Bohlenbelag, was für die bessere Beweglichkeit der Klappen mit ins Gewicht fällt. Die Gussstahlplatten zeigen (nach einer uns zugegangenen gütigen Mittheilung des Herrn Stadtbaurath Frühling) bis jetzt (nach einjährigem Gebrauche) noch nicht die geringste Spur von Abnutzung, so dass die veranschlagte Zeitdauer derselben (10 Jahre) wohl erheblich übertroffen werden dürfte.

Die Ausbalancirung ist bei dieser Brücke bedeutend einfacher, als an der Honigbrücke, indem die Klappe wie ein zweiarmiger Hebel wirkt, an dessen kürzerem Ende ein Contre-Gewicht m angebracht ist, welches sich stets unter Wasser bewegt. Das Contre-Gewicht besteht aus einem schmiedeeisernen Kasten, in welchem sich gusseiserne Tafeln befinden, und ist an Stangen, die sich um b drehen können, aufgehängt (siehe Fig. 128). Die Aufnahme der mobilen Last geschieht durch das Keillager d und den Gegendruck der festen Brücke bei c.

Complicirter ist indessen der Bewegungsmechanismus, da die directe Uebertragung des Wasserdrucks auf einen Cylinder hier wegen des vorhandenen geringeren Drucks, sowie wegen der engern Rohrleitung nicht mehr möglich oder vielmehr unpraktisch war. Das Oeffnen und Schliessen der Brücke würde nämlich in so langsamer Weise vor sich gegangen sein, dass damit der Vortheil des hydraulischen Betriebes illusorisch geworden wäre. Es ist daher das Druckwasser zunächst dazu benutzt, um einen Schmidt'schen Wassermotor in Bewegung zu setzen, welcher eine Pumpe treibt, die aus einem Reservoir Wasser in einen (aus der Figur 130 ersichtlichen) Accumulator e drückt. Dieser Accumulator ist liegend angeordnet. Der 37 Atmosphären betragende Druck in demselben wird durch ein Contre-Gewicht hervorgebracht, welches durch eine Gall'sche Kette mit dem Kolben des Accumulators in Verbindung steht und sich in einer im Strompfeiler ausgesparten Oeffnung auf- und niederbewegen kann. Ist so der Accumulator genügend mit Druckwasser gefüllt, so wird die Wasserleitung zu dem Motor selbstthätig abgesperrt, und letzterer hört auf zu arbeiten, während er sofort wieder zu functioniren beginnt, sobald dem Accumulator Wasser entnommen wird.

Dieses in dem Accumulator aufgespeicherte Druckwasser kann man nun (cfr. Fig. 131) durch Oeffnen eines Hahns in einen Triebcylinder f_1 eintreten lassen, dessen Kolbenstange durch 2 Querhäupter g mit 2 Zahnstangen h in Verbindung steht. Diese greifen in die Zähne zweier Quadranten i (cfr. Fig 130), die auf der Drehaxe a festgekeilt sind, und drehen so die Brücke auf. Das Schliessen derselben geschieht dadurch, dass man das Druckwasser von der andern Seite in den Triebcylinder f_1 eintreten lässt. Der Triebcylinder f_2 der andern Klappe ist durch ein Dükerrohr mit dem Accumulator verbunden, so dass durch einen Hebelgriff sich beide Klappen gleichzeitig öffnen.

Interessant ist an dieser Brücke noch die Verriegelung der Klappen, die durch eine eigenthümliche Fingerconstruction gebildet ist, deren vortretende Theile sich in einander legen und dadurch gegenseitig absteifen. Damit nun beim Schliessen der Brücke die Finger der beiden Klappen nicht gegeneinander stossen und dabei event. abbrechen, so wird zuerst eine Klappe heruntergelassen, jedoch nicht vollständig; sondern sie wird in bestimmter Höhe arretirt, bis die andere Klappe sich senkt und mit ihren Fingern in die der ersteren hineingreift, worauf dann beide Klappen gemeinschaftlich den letzten kurzen Weg zurücklegen. Das Schliessen der Brücke dauert daher länger als das Oeffnen; während letzteres in 16 Secunden geschieht, nimmt ersteres 30 Secunden in Anspruch.

Für eventuell vorkommende Betriebsstörungen des hydraulischen Mechanismus sind auch Vorrichtungen mit Handbetrieb vorgesehen; das Oeffnen resp. Schliessen durch Handbetrieb erfordert 2 bis 3 Minuten Zeit.

Zu bemerken ist noch, dass die ganze Brücke aus Flusseisen nach dem sog. „Siemens-Martin-Process" hergestellt ist, was besonders bei den Klappen den Vortheil der leichtern Construction für sich hatte. Bei der Honigbrücke sind nur die Klappen aus Flusseisen, die festen Brücken dagegen aus Schmiedeeisen ausgeführt. Die Herstellungskosten der Hohen Brücke betrugen 273 000 Mark; hiervon entfallen allein auf die Herstellung etc. des Bewegungsmechanismus 38 000 Mark. Schliesslich sei noch erwähnt, dass sich der Bewegungsmechanismus sowohl an der Honigbrücke wie auch an der Hohen Brücke bis jetzt in jeder Beziehung bewährt hat.

Nach dem Mittagsessen, welches in dem malerisch am Schlossteich gelegenen „Börsengarten" in Gemeinschaft mit Mitgliedern des West- und Ostpreussischen Architekten-Vereins eingenommen wurde, machten wir einen Rundgang durch die Vaterstadt Kant's, der hier als Professor 1804 starb, und nahmen die hervorragenderen Sehenswürdigkeiten derselben in Augenschein, und zwar zunächst das nach Stüler'schen Plänen gebaute neue Universitätsgebäude mit seiner durch wundervolle Fresco-Gemälde gezierten Aula (cfr. Zeitschrift f. Bauw. 1864), und dann das imposante Königliche Schloss mit der als Krönungsstätte unserer preussischen Könige denkwürdigen Schlosskirche, dem grossen Moskowitersaale (rot. 83 m lang und 18 m breit) und dem Blutgericht. Das Schloss wurde 1257 vom Deutschen Orden erbaut, bildete 1457—1525 die Residenz der Hochmeister und später der beiden ersten preussischen Herzöge (cfr. Wochenbl. f. Arch. u. Ing. 1882, p. 352

Regierungs-Gebäude.

und Dr. Faber, Beschreibung und Chronik von Königsberg). Darauf sahen wir uns das neue, in edlem Renaissance-Stil entworfene Regierungs-gebäude an, welches im Erdgeschoss durchweg mit Sandsteinquadern verblendet ist, während das Obergeschoss aus Ziegelrohbau mit Sandstein-Einfassungen ausgeführt wurde.

Landeshaus.

Mittlerweile war es Zeit geworden, nach dem von den Königsberger Herren zum „Rendez-vous" für den Nachmittag bestimmten neuen „Landeshause" zu eilen. Das Landeshaus, welches für die Sitzungen des Provinzial-Landtags, sowie für die Geschäfte der Provinzial-Verwaltung bestimmt ist, wurde nach einem Projecte Schwatlo's erbaut. Das Innere wie das Aeussere zeichnen sich durch eine überaus reiche, geschmackvolle Ausstattung aus; namentlich gewährt die Façade in sauberem Ziegelrohbau und hübscher Terracotten-Ornamentirung einen prächtigen Anblick.

Elektrische Ausstellung.

Alsdann fuhren wir, wie vorher verabredet, mit den Mitgliedern des West- und Ostpreussischen Architekten-Vereins zur „elektrischen Ausstellung", welche seit einiger Zeit in dem Etablissement Flora auf den „Hufen" ausserhalb der Stadt eröffnet war und z. Z. das allgemeine Interesse in Anspruch nahm. Um nicht allzuweit über den Rahmen eines Reiseberichts hinauszugehen, sollen hier nur einige Punkte näher berührt werden, welche uns besonders beachtenswerth erschienen.

Vergleich zwischen Gas- und elektrischer Beleuchtung.

Da die Ausstellung einen Vergleich zwischen der bisherigen Beleuchtung und dem „elektrischen Licht" bringen sollte, die Gastechnik aber in den letzten Jahren ebenfalls ganz bedeutende Fortschritte gemacht hat, so war letztere mit zahlreichen neuen Verbesserungen gleichfalls vertreten.

So waren z. B. die neuesten Regenerativ-Brenner von Fr. Siemens ausgestellt, welche hinter den grössten für Strassenbeleuchtung angewendeten elektrischen Lampen nur wenig zurückstehen. Während die Lichtstärke bei einer gewöhnlichen Gasflamme etwa 15 Kerzen und diejenige einer z. B. in der Leipziger Strasse in Berlin aufgestellten elektrischen Bogenlampe 500 Kerzen beträgt, äusserten die hier im Freien aufgestellten Siemens'schen Brenner eine Lichtintensität von 900 und die sog. Sonnenbrenner eine solche von 400 Kerzen. Der erhöhte Lichteffect wird eben dadurch erzielt, dass durch die Flamme und die entstehenden Verbrennungsgase das Leuchtgas und die zur Verbrennung erforderliche Luft bereits stark erhitzt werden, bevor sie in die Flamme eintreten, und dass dementsprechend die Temperatur gesteigert wird. Die Flamme schlägt über den Rand eines Brenners, von welcher eine centrale Esse die Verbrennungsproducte in die äussere Luft abführt. Die Hitze des in der äussern Umhüllung der Flamme zugeführten Leuchtgases und der Luft wird dabei um so stärker, je mehr sich dieselben der Verbrennungsstelle nähern, und ist so intensiv, dass die inneren, mit der Flamme in Berührung stehenden Theile des Brenners sich im allgemeinen in einem rothglühenden Zustande befinden. Es vergeht einige Zeit, bis die einzelnen Theile des Brenners genug vorgewärmt sind und die Flamme ihre volle Stärke erlangt. Es ist indess neuerdings gelungen, dies schon nach einer Viertelstunde zu bewirken. Der Gasverbrauch aber beträgt auch bei dem grössten Brenner nur 250 l pro Stunde im Preise von höchstens 5 Pfennigen. Es werden indess

von Siemens jetzt sogar Brenner von 1600 Normalkerzen Lichtstärke hergestellt, so dass wohl noch auf längere Zeit der Gastechnik die Möglichkeit
geboten ist, die Concurrenz des elektrischen Lichtes zu ertragen.

In neuerer Zeit ist es derselben sogar gelungen, das elektrische Licht
theilweise wieder zu verdrängen und zwar auf dem Gebiete der Küstenbeleuchtung. Während man in Frankreich für sämmtliche 43 Leuchtthürme
elektrisches Licht mit einem Kostenaufwande von 8 Millionen francs einführt,
beginnt man in England, wo 6 Leuchtthürme bereits längere Zeit elektrisches Licht besitzen, dasselbe wieder abzuschaffen und durch Gasbeleuchtung zu ersetzen. Nach den vergleichenden Versuchen des Ingenieurs
Wigham zeigte es sich, dass bei nebligem Wetter das Gaslicht in einer
Entfernung von $5^1/_4$ engl. Meilen dem elektrischen Lichte überlegen war,
so dass die „British association for the advancement of science" ohne Wider-
spruch ihr Gutachten dahin abgab, dass Gasbeleuchtung für Seezeichen
geeigneter sei. Der Grund dafür, dass das elektrische Licht bei nebligem
Wetter, also dann, wenn für den Schiffer die Sichtbarkeit des Leuchtfeuers
von besonderer Wichtigkeit ist, mit der Entfernung weit mehr seine Wirk-
samkeit verliert, als Gas- oder Oellicht, liegt wohl darin, dass dasselbe eine
relativ geringere Menge von rothen und gelben Strahlen, welche die feuchte
Luft am leichtesten durchdringen, besitzt, als das Gaslicht. Interessante
Ausführungen über die zwischen englischen und französischen Gelehrten
entbrannte Streitfrage — Gas- oder elektrisches Licht? — finden sich im
Wochenbl. f. Arch. u. Ing. 1882, p. 99, ferner im Centralbl. d. Bauverw. 1882,
p. 76 und 297.

Von Interesse war für uns die Leucht-Boje von Jul. Pintsch
in Berlin, welche, wie schon erwähnt, mittlerweile an der Fahrrinne von
Pillau nach Königsberg Aufstellung gefunden hat. Die Laterne leuchtet
Tag und Nacht und wird mit Fettgas gespeist, welches der Flamme durch
ein Rohr aus dem Hohlraum der birnenförmigen, aus Schmiedeeisen hergestellten Boje zugeführt wird. Die Füllung derselben geschieht durch besondere Gas-Transportschiffe, welche sehr stark comprimirtes Gas in die Bojen
überleiten; das Gas hat in der Boje, wie in den Recipienten 6 Atmosphären
Druck. 1 cbm comprimirtes Gas reicht aus, um die Flamme 12 Tage und
12 Nächte zu unterhalten. Die Bojen werden für ein Gasquantum von 5 cbm
construirt, so dass die Füllung also nur alle 2 Monate zu erfolgen braucht.
Die Recipienten werden hier (ebenso wie bei der früher genannten Pillauer
Leuchtbaake) in der Fettgasanstalt der Königl Ostbahn in Ponarth bei
Königsberg gefüllt.

Bemerkt sei noch, dass diese Boje nicht durch Anker, wie bisher
üblich, sondern durch calottenförmige Eisenplatten, welche sich fest
in den Meeresgrund einsaugen, festgelegt wurde. (Ueber Leuchtbojen von
Pintsch, vergl. Wochenbl f. Arch. u. Ing. 1881, p. 394 und 494, Centralbl.
d. Bauverw. 1882, p. 379, sowie G. Hagen's Handb. d. W. III 4 p. 428.)

Den eigentlichen Kern der Ausstellung bildeten natürlich die vorwie-
gend für die Erzeugung des elektrischen Lichtes benutzten Dynamo-
Maschinen, um den Besuchern der Ausstellung die verschiedenartige An-
wendbarkeit des elektrischen Lichtes für das praktische Leben zu zeigen.
Unter den vielen Systemen der Glühlicht- und Bogenlicht-Erzeugung inter-

essirte uns namentlich eine Maschinen-Anlage für Schiffsbeleuchtung. Auf einem Schiffsrumpfe befand sich nämlich eine von Siemens & Halske erbaute kleine Dampfmaschine von 8 bis 10 HP mit rotirendem Kolben nach dem System Dolgorucki. Dieselbe stand in Verbindung mit einer dynamo-elektrischen Maschine für ein Bogenlicht von 5000 Normalkerzen, welches am Heck des Schiffes aufgestellt war und am Abend mittelst Reflectoren die Umgegend fast tageshell erleuchtete. Derartige Apparate werden bereits auf der Elbe und Weser zur Beleuchtung des Fahrwassers praktisch verwendet.

In wissenschaftlicher Hinsicht beachtenswerth waren die elektrischen Accumulatoren des französischen Physikers Faure. Derselbe machte nämlich vor wenigen Jahren eine grosses Aufsehen erregende Erfindung, die darin bestand, elektrische Kraft in einem verhältnissmässig geringen Raume, zur Verwendung in einem beliebigen Zeitpunkte bereit, aufzuspeichern. Ueber die Wirkung und Leistungsfähigkeit dieser Apparate, deren einige auf der Königsberger Ausstellung zu sehen waren, liegt bis jetzt nur ein zuverlässiger Bericht vor seitens des Directors der französischen Küstenbeleuchtung, Mr. Allard, welcher mit denselben Versuche zur Erzeugung von Glühlicht machte. Es stellte sich hierbei heraus, dass 40 Procent der gelieferten Elektricität verloren gingen, so dass die Verwendbarkeit der Accumulatoren in wirthschaftlichem Sinne vorläufig noch fraglich erscheint.

Ganze Sammlungen von physikalischen und chemischen Apparaten veranschaulichten in höchst instructiver Weise die genetische Entwicklung der Elektrotechnik, während wir in andern Gebäuden wiederum das jetzige Stadium ihrer praktischen Verwerthung und ihrer erstaunlichen Vervollkommnung beobachten konnten. Im Dienste des Eisenbahnwesens sahen wir die Elektrotechnik vertreten in den verschiedensten Controle-Instrumenten, Centralweichenstell-Apparaten, Signalvorrichtungen, Wasserstandsanzeigern an Wasserstationen etc. Dass auch, wie bei frühern ähnlichen Ausstellungen, eine elektrische Bahn zur Personenbeförderung nicht fehlen würde, liess sich schon von vornherein annehmen.

Die Firma M. & H. Magnus hatte eine Central-Heizungsanlage für Privatwohnungen ausgestellt, die aus einer Warmwasser-Niederdruck-Heizung bestand, welche vom Kochheerde aus erwärmt wird. Da das Feuer zum Kochen und zum Heizen gleichzeitig benutzt wird, so erspart man einerseits eine besondere Bedienung, andererseits werden die aus dem Kochheerd sonst unbenutzt entweichenden Feuergase zur Erwärmung der Wohnräume nutzbar gemacht.

Zum Schluss sei noch eine dort ebenfalls ausgestellte, patentirte Girard-Turbine erwähnt, welche durch eine höchst einfache Vorrichtung in Stand gesetzt ist, im Stauwasser ohne Minderung des Nutzeffects zu arbeiten. Dieselbe diente hier dazu, um eine Dynamo-Maschine in Bewegung zu setzen. Wir sahen indess nur ein kleines Modell in Thätigkeit. Die Abweichung von der gewöhnlichen Girard-Turbine besteht darin, dass das Laufrad a (cfr. Fig. 132) an der Innenseite seines Kranzes Ventilationsöffnungen b besitzt, unterhalb welcher der Kranz mit der Nabe durch eine volle gewölbte Scheibe c verbunden ist, die eine vollständig trennende Wand zwischen den Ventilationsöffnungen und dem Unterwasser bildet. Auf dem Deckel des Leitrades befindet sich ein Rohr d, welches bis über den höchsten Oberwasserspiegel reicht und zur Zuführung von Luft dient. Wird eine solche im Stauwasser befindliche Turbine beaufschlagt, so saugen die das Laufrad durchfliessenden Wasserstrahlen zunächst das eingedrungene Stauwasser fort und dann Luft in grosser Menge an. Die in das Unterwasser gedrückte Luft bringt dann ein ähnliches Geräusch wie beim Betriebe eines Injectors hervor. Das auf diese Weise ventilirte, im Stauwasser gehende Actionsrad arbeitet mit demselben Nutzeffect von 75 pCt., als wenn dasselbe frei über dem Unterwasser gehen würde.

So hatten wir denn an der Hand eines sachkundigen Führers das Interessanteste aus dem ausserordentlich vielseitigen Ausstellungsmaterial gesehen. Mit einem Gefühle innerer Genugthuung konnten wir uns nach einem zum Schlusse erfolgenden Rundgange durch den im Glanze zahlloser elektrischer Lampen strahlenden Flora - Garten zu einer gemüthlichen Sitzung im Ausstellungs - Restaurant zurückziehen.

Wir waren hiermit bei der letzten Nummer der heutigen Tagesordnung und unseres Reiseprogramms überhaupt angelangt, da es beschlossen war, am andern Morgen die Rückfahrt nach Berlin anzutreten. Herr Geheimrath Hagen war in Folge einer weitern Inspectionsreise verhindert, sich daran zu betheiligen, und so mussten wir denn schon am heutigen Abend von unserm hochverehrten Lehrer und liebenswürdigen Mentor Abschied nehmen.

ZEHNTER TAG.
Rückfahrt von Königsberg nach Berlin.

„— Meminisse iuvabit!"
Virgil (Aeneis).

Am Morgen des 19. Mai verliessen wir die „Stadt der reinen Vernunft" und fuhren mit dem Tages-Courierzuge nach Berlin zurück.

Belehrt und an Erfahrungen reicher, konnten wir mit freudiger Befriedigung auf den schönen Verlauf unserer „Scholaren-Fahrt" ins Land der Preussen zurückblicken. Der häufige Gedankenaustausch zwischen den Reisegenossen, der Verkehr mit so vielen erfahrenen, im Dienste alt gewordenen Fachmännern, die mannichfaltigen Anregungen und vielseitigen neuen Eindrücke, die wir überall auf unserer herrlichen Studienreise empfingen, — alles das wird nicht verfehlt haben, in jedem von uns das Gefühl der Collegialität und der Zusammengehörigkeit in unserm Berufe zu stärken, die Liebe und Treue zu unserm schönen Fache zu mehren und die Flamme der Begeisterung für die Technik aufs neue anzufachen.

„Ein einig Band, o möcht' es stets umflechten,
Die gleiche Kunst und gleiches Streben weiht!
Voran die Meister auf der Bahn des Rechten —
Zur rüst'gen Folge sind wir all' bereit!"

(K. E. O. Fritsch.)

ANHANG.

Barometrische Höhenmessungen am Elbing-Oberländischen Kanal.

(Ausgeführt am 15. Mai 1883). *)

A. Beobachtungen.

I. Geneigte Ebene Buchwald.

Oben: Barometerstand 765,4 mm bei 24° Cels.;
unten: „ 767,2 mm bei 26° Cels.

II. Geneigte Ebene Kanten.

Oben: Barometerstand 766,9 mm bei 25° Cels.;
unten: „ 768,5 mm bei 24° Cels.

III. Geneigte Ebene Schönfeld.

Oben: Barometerstand 767,6 mm bei 25° Cels.;
unten: „ 769,6 mm bei 25° Cels.

IV. Geneigte Ebene Hirschfeld

Oben: Barometerstand 769,4 mm bei 26° Cels.;
unten: „ 771,3 mm bei 27° Cels.

V. Geneigte Ebene Neu-Kussfeld.

Oben: Barometerstand 771,4 mm bei 25° Cels.;
unten: „ 772,7 mm bei 24° Cels.

Bemerkung: Innerhalb der horizontalen Ebene zwischen den geneigten Ebenen II und III fiel der Barometerstand innerhalb ca. 3 Stunden um 0,9 mm.

B. Berechnungen der Höhen.

Zur Berechnung der Höhen wurde die Radau'sche Tabelle benutzt, welche nach der sog. Barometergleichung des Laplace gebildet ist. Dieselbe wurde von Koppe bei der 2. Messung am St. Gotthard angewendet und ist enthalten im „Handbuch der Ingenieur-Wissenschaften" Bd. I pag. 66.

I. Geneigte Ebene Buchwald.

$$A = 767,2 \text{ mm}$$
$$B = 765,4 \text{ mm}$$

$$A - B = \quad 1,8 \text{ mm} \qquad \frac{A+B}{2} = 766,3 \text{ mm}.$$

In der Tabelle ist für 770 mm $= \frac{A+B}{2}$ und 1,0 m $= A - B$

$$h_0 = 10,36 \text{ m};$$

für 760 mm $= \frac{A+B}{2}$ und 1,0 $= A - B$ ist

$$h_0 = 10,50 \text{ m}.$$

---

*) Nach Mittheilungen des Herrn Reg.-Bfr R. Henze.

Die Differenz von 0,14 m pro 10 mm ist constant; ebenfalls proportiona ändert sich der Höhenunterschied bei verschiedenen $A - B$.

Dem $\dfrac{A - B}{2} = 766{,}3$ mm entspricht 10,41 m;

diese Zahl ist zu multipliciren mit $\underline{1{,}8 = A - B}$

dieses giebt rot. $\overline{18{,}74 = h_0}$

Der gefundene Werth ist mit dem Factor $\left(1 + \dfrac{t}{250}\right)$ zu multipliciren, hier also mit $\left(1 + \dfrac{25}{250}\right) = 1{,}1$. Wir erhalten dann

$$h = 18{,}74 \cdot 1{,}1 = \mathbf{20{,}614} \text{ m.}$$

Dieses h ist die gesuchte Höhendifferenz zwischen Ober- und Unterwasser der I. geneigten Ebene bei Buchwald. Nach Erbkam (Zeitschr. für Bauwesen 1861) ist die Höhe 20,4 m (also wenig verschieden von dem hier gefundenen Resultate).

II. Geneigte Ebene **Kanten.**

$A - B = 1{,}6$ mm $\qquad \dfrac{A + B}{2} = 767{,}7$ mm.

$10{,}41 \cdot 1{,}6 = \mathbf{16{,}656} = h_0$

$16{,}656 \cdot 1{,}1 = h = \mathbf{18{,}32}$ m

(nach Erbkam 18,9 m).

III. Geneigte Ebene **Schönfeld.**

$A - B = 2$ mm $\qquad \dfrac{A + B}{2} = 768{,}6$ mm.

$10{,}38 \cdot 2{,}0 = \mathbf{20{,}76} = h_0$

$20{,}76 \cdot 1{,}1 = h = \mathbf{22{,}84}$ m

(nach Erbkam 24,5 m).

IV. Geneigte Ebene **Hirschfeld.**

$A - B = 1{,}9$ mm $\qquad \dfrac{A + B}{2} = 769{,}05$ mm

(Mittlere Temperatur $= 26{,}5°$ Cels.).

$10{,}37 \cdot 1{,}9 = \mathbf{19{,}703} = h_0$

$19{,}703 \cdot 1{,}106 = h = \mathbf{21{,}79}$ m

(nach Erbkam 21,8 m).

V. Geneigte Ebene **Neu-Kussfeld.**

$A - B = 1{,}3$ mm $\qquad \dfrac{A + B}{2} = 772{,}05$ mm

(Mittlere Temperatur $= 25°$ Cels.).

$10{,}33 \cdot 1{,}3 = \mathbf{13{,}429}$

$13{,}429 \cdot 1{,}1 = h = \mathbf{14{,}77}$ m.

Tabellarische Zusammenstellung der Differenzen von Zeit und Barometerständen.

Ort	Geneigte Ebenen			Horizontale Ebenen	
	Beobachtete Zeit		Zeit-Differenz	Differenzen	
	Oben	Unten		in Zeit	in Baromet.
I	$10^h\ 50^m$	$11^h\ 02^m$	$0^h\ 12^m$	$0^h\ 18^m$	$-0{,}3$ mm
II	$11^h\ 20^m$	$11^h\ 34^m$	$0^h\ 14^m$	$3^h\ 16^m$	$-0{,}9$ mm
III	$2^h\ 50^m$	$3^h\ 01^m$	$0^h\ 11^m$	$0^h\ 25^m$	$-0{,}2$ mm
IV	$3^h\ 26^m$	$3^h\ 38^m$	$0^h\ 12^m$	$2^h\ 34^m$	$+0{,}1$ mm
V	$6^h\ 12^m$	$6^h\ 36^m$	$0^h\ 24^m$		

Additional material from *Eine Bautechnische Studienreise nach West- und*,
ISBN 978-3-662-32228-4, is available at http://extras.springer.com